好性格是这样养成的

徐先玲　周雨竹　编著

中国商业出版社

图书在版编目（CIP）数据

好性格是这样养成的 / 徐先玲，周雨竹编著 .—北京 : 中国商业出版社，2017.10

ISBN 978-7-5208-0054-9

Ⅰ.①好… Ⅱ.①徐… ②周… Ⅲ.①性格－培养 Ⅳ.① B848.6

中国版本图书馆 CIP 数据核字 (2017) 第 231683 号

责任编辑：唐伟荣

中国商业出版社出版发行

010-63180647　www.c-cbook.com

（100053　北京广安门内报国寺 1 号）

新华书店经销

三河市同力彩印有限公司印刷

*

710×1000毫米　16 开　12 印张　195 千字

2018 年 1 月第 1 版　2018 年 1 月第 1 次印刷

定价：35.00 元

* * * *

（如有印装质量问题可更换）

第一章　了解性格的基本概念……………………… 1

  1. 性格是什么 ………………………………… 2

  2. 良好的性格是事业取得成功的保证 ……… 5

  3. 性格的结构 ………………………………… 7

  4. 性格的表现 ………………………………… 11

  5. 性格健康的特征 …………………………… 13

  6. 性格是怎样形成的 ………………………… 18

第二章　树立起真正的自信心……………………… 25

  1. 一个人越自信，他的性格越迷人 ………… 26

  2. 学会准确地进行自我认定 ………………… 27

  3. 学会在内心肯定自己 ……………………… 29

  4. 充分信任自己的能力 ……………………… 32

  5. 对自己要做肯定的评价 …………………… 34

  6. 认识和了解自卑 …………………………… 36

第三章　适度培养外向型性格……………………… 39

  1. 性格外向的人更容易生存 ………………… 40

  2. 极端内向的人影响事业的发展 …………… 42

  3. 外向型的人如何克服说话太多的缺点 …… 43

  4. 主动交往，摆脱孤独的折磨 ……………… 46

  5. 战胜羞怯 …………………………………… 48

  6. 如何避免成为性格过于内向的人 ………… 53

第四章　培养谦虚谨慎的性格·························· 57

1. 谦虚谨慎：人生第一美德 ························· 58
2. 刚愎与冲动：愚蠢的明证 ························· 60
3. 决不能陷于骄傲的泥沼中 ························· 61
4. 正确认识谦虚 ······························· 66
5. 如何克服以自我为中心的缺点 ····················· 69
6. 如何培养谦虚谨慎的性格 ························· 71

第五章　培养开朗乐观的性格·························· 73

1. 积极乐观创造奇迹 ···························· 74
2. 打破内心消极的念头 ··························· 76
3. 以热诚的态度对待生活 ·························· 78
4. 摆脱抑郁 ································· 80
5. 不快乐的原因 ······························ 84
6. 不要为自己的快乐设定条件 ······················· 87

第六章　培养冷静、沉着的性格·························· 89

1. 冷静是一种智慧 ····························· 90
2. 性子急躁的人容易失败 ·························· 92
3. 善于约束自己 ······························ 94
4. 控制自己的情绪化行为 ·························· 97
5. 学会控制自己的情绪 ··························· 98
6. 让浮躁的心趋于平静 ···························101

第七章 培养认真仔细的性格 …………………………… 105

1. 认真仔细是一种良好的习惯 …………… 106
2. 心细有时比胆大更重要 …………… 107
3. 如何改变粗心大意的毛病 …………… 110
4. 培养认真仔细的性格和学习态度 …………… 113
5. 克服马虎随便的性格 …………… 115
6. 养成关注细节的习惯 …………… 119

第八章 培养果断的性格 …………………………… 121

1. 果断型性格的人易赢得机会 …………… 122
2. 关键时刻作出正确的决断 …………… 124
3. 学会当机立断 …………… 127
4. 如何改变优柔寡断的性格 …………… 129
5. 拖拉使人毫无作为 …………… 131
6. 如何克服拖拉的毛病 …………… 134

第九章 培养豁达宽容的性格 …………………………… 137

1. 宽容是一种博大的胸怀 …………… 138
2. 宽容豁达具有巨大的力量 …………… 142
3. 宽容别人就是解脱自己 …………… 145
4. 理解他人 …………… 147
5. 如何纠正心胸狭隘的心理 …………… 148
6. 别为小事结下一生的死结 …………… 155

第十章　培养勇敢和敢于冒险的性格……………… 157

1. 敢于冒险是强者的标志 ……………………158
2. 胆怯者只能平庸生活 ………………………160
3. 不敢冒险者的性格特征 ……………………162
4. 恰当的冒险不是蛮干 ………………………163
5. 剔除害怕冒险的心理障碍 …………………165
6. 战胜不健康的恐惧心理 ……………………167

第十一章　培养坚强执着的性格……………… 171

1. 秉性坚忍是成功的保证 ……………………172
2. 坚强的意志是人格健全的重要标志 ………176
3. 天才就是具有超常的耐心 …………………178
4. 选择坚强，放弃悲伤 ………………………180
5. 失败并不可怕 ………………………………184
6. 培养顽强执着的性格 ………………………185

第一章
了解性格
的基本概念

1. 性格是什么

　　性格是表现在人对现实的态度和行为方式中的比较稳定而具有核心意义的个性心理特征。也就是说，性格包含两个紧密联系的方面：一是人对现实世界的稳定的态度体系；二是与这种态度体系相应的习惯了的行为方式。比如，有的人对待工作总是精神饱满，一丝不苟，踏实认真；在待人处事中，总是表现出有高度的原则性，坚毅果断，豪爽活泼，有礼貌，肯帮助人，乐于同他人共享他的东西而从不吝啬；在对待自己的态度上，总是表现为谦虚、自信等……所有这些特征的总和就是他的性格。

　　300多年前，在普鲁士王宫里，大哲学家莱布尼茨正在滔滔不绝地向王室成员和众多贵族宣传他的宇宙观。话锋一转，他说："世界上没有两片完全相同的叶子。"听者哗然，不少人摇头不信。于是，好事者就请宫女到王宫花园中去找两片完全相同的叶子。谁知，数十人寻个遍也无法找到。人们惊愕，原来大千世界是如此丰富多彩。后来人们都用莱布尼茨的这句话来比喻人的性格，世界上没有两片完全相同的叶子，世界上也没有性格完全相同的人。

　　每个人都有自己的性格，而且各不相同。

　　在中国，公元前5世纪的孔子提出了"性相近也，习相远也"的性习说。他认为人生来禀赋差异不大，是后天造成了较大的差别。比他晚一个多世纪的孟子提出了"性善论"，认为人生来就是善良的，"无羞恶之心非人也……"，环境与教育扶植善性，而不使之泯灭，并发展成"仁、义、礼、智、信"。相反，比孟子稍晚些的荀况则认为人生来就是"恶"的，环境与教育去恶育善。这些理论都强调了环境对人们性格的影响作用。在西方，较早研究性格的是公元前4世纪的古希腊哲学家提奥夫拉斯塔。他广泛论述了人的个性特征。以后，弗洛伊德、荣格、埃里克森、班图拉、奥尔波特以及卡特尔等对性格理论进行了进一步研究和发展，使性格心理学日臻完善。

性格是个性最鲜明的表现，是个性心理特征中的核心特征。性格不仅与气质、智力的关系非同一般，而且，性格还具有情感特征和意志特征。

性格的个别差异是很大的。有人娇嗔、傲气、泼辣；有人热情、开朗、活泼、外露；有人深沉、内向和多思；有人大胆自信有余，耐心仔细不足；有人耐心细致有余，大胆自信不足；有人快中易粗，粗中易错；有人却慢条斯理，有条不紊……性格就是由各种特征所组成的有机统一体。每一个人对现实稳固的态度有着特定的体系，其行为的表现方式也有着他所特有的样式。这种稳固的、定型化了的态度体系和行为样式就是他的性格。

情感、情绪与人的性格有着密切的关系，情绪状态如果成为经常影响人的活动或受人控制的稳定的特点，就可被视为性格特征的一部分。这类性格特征主要表现在人们情绪反应的强度、快慢起伏的速度、持续时间的长短，集体荣誉感、劳动义务感、责任感和友爱感等社会道德感，都与这类情绪、情感的发生和表露的方式联系在一起。正是由于性格特征中带有情感色彩，因此，培养美的情感、陶冶高尚情操，也是塑造人的性格的一个重要途径。

性格的意志特征就是对自己的行为的自觉调节方式和个性特点。坚强的性格体现了意志的坚忍性。有坚强的意志就会有坚强的性格，养成好的意志，有着坚忍不拔的精神，是塑造性格的一个重要方面。

必须指出，在个体生活中那种一时性的偶然表现，不能被认为是一个人的性格特征。例如，一个人在一次偶然的场合表现出胆怯的行为，不能据此就认为这个人具有怯懦的性格特征；一个人在某种特殊的条件下，一反常态地发了脾气，也不能认为这个人具有暴躁的性格特征。只有那些经常性、习惯性的表现才能被认为是个体的性格特征。

性格是一个人个性中起核心作用的心理特点，也是一个人对现实的态度与其习惯的行为方式的统一体。因此，性格是有好坏之分的，而且好坏不能并存。例如，一个富有创新精神的人，不可能同时也是墨守成规的人；一个利己主义者，有时也很"慷慨"，那其实是伪装。所以，我们要考察一个人的性格特征，必须把他的各方面联系起来作综合分析。

人的性格是在长期生活环境和社会实践中逐步形成的，它一旦形成就比较稳定，但也不是一成不变的。客观环境的变化往往使人的性格发生明显的变化。比如，在某种环境和家庭影响下成长的儿童，养成了怯懦、孤独的性格特点，当他进入学校，经过集体的熏陶，随着社会交往的日益增多，就可能使他原来的性格特点有显著的变化；一个活泼愉快的学生，可能由于某种严重的打击，精神上蒙受挫折，变得忧闷抑郁起来。

客观环境的影响，需要通过人的主观因素起作用。意识的自我调节对性格的履行起着重要作用。幼小儿童的行为方式没有定型，意识的自我调节水平较低，他们易受环境影响，性格的可塑性更大；当一个人的社会知识经验丰富了，出现了比较系统化的思想，形成理想、信念和世界观时，他们的性格也可以在社会实践中、在自我调节的水平上发展、改造。虽然成人的行为方式比儿童稳定，但其性格也仍具有可塑性的一面。

性格的可塑性并不是一成不变的，它不可能永远停留在一个水平上，因为作用于性格的诸因素是不断变化的。性格的可变性，决定了性格是可以培养的。对于青少年来说，越早注重对良好性格的培养，就越有利于日后的发展。

知识链接

爱迪生

托马斯·阿尔瓦·爱迪生（1847—1931），出生于美国俄亥俄州米兰镇，逝世于美国新泽西州西奥兰治。发明家、企业家。

爱迪生是人类历史上第一个利用大量生产原则和电气工程研究的实验室，从事发明而对世界产生重大深远影响的人。他发明的留声机、电影摄影机、电灯对世界有极大的影响。他的一生共有2000多项发明，拥有1000多项专利。爱迪生被美国的权威期刊《大西洋月刊》评为影响美国的100位人物第九名。

2. 良好的性格是事业取得成功的保证

心理学家指出：良好的性格是事业取得成功的保证。正如德国革命家台尔曼所说："不论你的将来走什么路，你的性格为你的行为提供了前提。一个人的历史就是他的性格。"良好的性格促人成才，不良的性格使人毁誉。

凡是有成就的人，都是有知识的人，而知识的积累离不开坚韧的求知态度。学习是一个十分艰苦的过程，随着学习的深入，难度就会越来越大，就需要我们付出更大的努力去克服困难，需要我们坚持不懈地去努力。我们正处在一个努力求学的过程中，因而具有一个坚忍的求知态度，是保证我们在学业上取得成绩的重要条件。

伟大的发明家爱迪生一生有创造发明达 2000 多项，这与他前半生具有大胆创新、不尚空谈的发明家的性格分不开。但他晚年滋生了因循守旧的顽固性格，囿于自己创造的直流电系统，极力反对新兴的交流电系统。当交流电系统取得决定性胜利时，他受到被责令退出通用电气公司的差辱。

良好的性格是事业取得成功的保证，不良的性格对人的影响和损失也是非常明显的。研究发现，不良的性格对人的身体健康会带来不好的影响。如，当我们紧张时，心跳和脉搏的次数会增加，血压也会升高，皮肤表面由于出

汗量增加的缘故，导电性将大为增加，呼吸的次数及呼气吸气所需要的时间也都有改变。这些改变都可以用仪器连续地记录下来。如果将测量血压、呼吸以及皮肤导电性的仪器装配在一块，那就成了所谓的测谎器。人们平日喜怒哀惧等情绪的反应，大多为时甚短，所引起的生理变化也比较短暂，而后迅即恢复常态。所以，通常并不会造成器官的损伤，而无碍于健康。但若紧张的情绪因故延迟，那么，与之相伴的生理变化也将随之持续下去，这样就将使某项器官或组织较长期地陷于"不正常"的活动状态，久而久之就会使某些器官的功能丧失，或是使器官本身受到损伤。如，人在恐惧的时候，血压将升高；如果某人因故长久地陷于忧虑恐惧状态，则其血压将一直比正常情况高，从而构成功能性高血压。再比如，人在生气的时候，食欲常会降低，因而吃下去的食物就减少了，同时胃酸的分泌却反而增加了，超过当时实际的需要；同时因胃壁充血的关系导致表面积增加，胃壁黏膜也随之延展，使某些部位变得单薄些，保护胃壁的作用降低。这些反应持续出现，使胃壁部分受到胃酸的侵蚀而形成溃疡。由此可见，不良的性格对人的身体健康的影响是十分巨大的。

总之，良好的性格对一个人的成长和成才，起着极为重要的作用。相反，不良的性格对一个人的成长和成才是有着严重的不良影响的。所以，青少年要努力塑造自己的良好的性格。

知识链接

歌 德

约翰·沃尔夫冈·冯·歌德（1749—1832），出生于德国法兰克福，著名思想家、作家、科学家，魏玛的古典主义最著名的代表。而作为诗歌、戏剧和散文作品的创作者，他是最伟大的德国作家之一，也是世界文学领域的一个出类拔萃的光辉人物。1773年写了一部戏剧《葛兹·冯·伯利欣根》，从此蜚声德国文坛。1774年发表了《少年维特之烦恼》，更使他名声大噪。1776年开始为魏玛公国服务。1831年完成《浮士德》，翌年在魏玛去世。

3. 性格的结构

　　人的性格特征复杂多样，没有一个人是单一性格特征的。一个人的性格，有其不同方面的表现。例如，诚实、谦虚、宽人律己，以及孤独、虚伪、懒惰、自私等等，都是性格特征。只是前者是优良的性格特征，而后者是不良的性格特征。但是，如果我们仅仅用"热情""勤劳"或"冷漠""懒惰"等某一特征去标明一个人的性格，那是远远不够的，也不现实，不符合人的丰富性、复杂性。

　　正如比林斯基在《歌德传》中对歌德所作的具体、生动、精彩的描述一样："他热爱自己的生命，但又跑进枪林弹雨中去尝试炮火的洗礼。他是一个最忠实最纯洁最肯牺牲的朋友，是一个最狂热最倾心的情人，但却可以在感情沸腾时伤害他朋友与情人的心。在生活的每一步进程中，他都是一个男子汉，是一个英雄，铁石心肠的拿破仑也不得不喊出：'这是一个人！'但有时却也因不能遏制自己内心的欲望而随波逐流，自失其舵，软得如席勒所称的'女性情感'。他，有如一个仙灵解脱了一切尘土的混浊，赴蹈于超越的境界，但同时又脚踏实地地站在地球上欣赏任何细微的感觉快乐。他，这个处处寻求清明、透人清明的人，也爱飘摇于神秘的幻想中，相信世界秩序里有神魔的灵魂轮回，常轻轻地受着预感预言预兆等迷信的支配。这个人，平常非常温柔忍耐，竟有时愤怒至于咬牙顿足。他能闲静，又能活泼，愉快时就如登天，苦闷时如堕地狱。他有坚强的自信，又常有莫名的怀疑。他能自觉为超人，去毁灭一个世界，但又常常自觉懦弱无能，不能移动路途中的一块小石头。"就是这些不同性格有机地糅合在一起，并在歌德的言行中表现出来，才形成了一个活生生的歌德。同样道理，也只有这样，人类社会才会因为人人不同面孔，个个不同性格而显得色彩斑斓。

　　人的行为方式千变万化，性格特征也千差万别。在一个特定的人身上，总是集合着多种性格特征。然而，众多的性格特征并不是简单地叠加和堆砌在一个人

身上的，而是依照一定的内容、秩序，有机组合，自我组织。这个完整的组织就是性格结构。

作为一种心理结构体，性格包含着若干个侧面，而每个侧面都分别具有展示自己这个面的性格特征。

由于性格是反映在态度和行为方式上的比较稳定的心理特征的总和，因此，性格结构可以按对现实的态度和行为方式分为以下几个相互联系的方面。

（1）性格的态度特征

客观现实影响人，人也总是以一定的态度给以反应。性格的态度特征，就是指人对现实持什么态度。现实事物是多种多样的，人对现实的态度也是多种多样的。对现实态度的性格特征，可以分为以下四种：

①对社会、对集体、对他人的态度上的性格特征

例如：是以集体利益为中心还是以个人利益为中心；是善良而富有同情心还是冷酷无情；是助人为乐还是漠不关心；是诚实有礼貌还是虚伪粗暴；是合群还是孤僻等。

②对待学习、工作和劳动态度上的性格特征

例如：是勤奋还是疏懒；是认真细致还是马虎粗心；是敢于创造还是墨守成规等。

③对待公私物品和劳动成果态度上的性格特征

例如：是勤俭节约还是挥霍浪费；是公私分明还是公私不分；是贪污腐败还是廉洁奉公；是有条不紊还是邋遢不堪等。

④对待自己的态度上的性格特征

例如：是谦虚还是骄傲；是自信自尊还是自卑自负；是严于律己还是放任自流；是落落大方还是羞羞答答等。

以上这些性格特征是紧密联系的。它们共同组成了人与客观现实的关系系统，主要由个人—周围人、人—劳动、人—物等关系系统构成，通过人对现实的态度表现出来。例如，一个人对他人的态度往往反映出对自己的态度，对他人的评价

也会涉及到对自身的评价。因此，人的性格的态度系统是性格结构的主要部分，这类特征往往反映一个人的道德风貌。在研究这些性格特征时，必须注意它们之间的有机联系。

（2）性格的理智特征

这是指人们在感知、记忆、想象和思维等认识过程中表现出来的个体差异，也就是人在认识事物的态度和活动方式上的差异。例如，这些差异表现在感知方面，有主动观察或被动知觉，整体概括或详细分析，精确或粗略等；在记忆方面，表现为偏重直观形象或倾向本质抽象，记忆长久牢固或记忆短暂模糊等；在想象方面，表现为有现实感或脱离实际，大胆流畅或拘谨阻抑，内容广阔或狭窄等；在思维方面，表现为独立思考或避难就易，富于创造或好钻牛角尖，深思熟虑或粗心浮躁等。

（3）性格的情绪特征

性格的情绪特征又称为性情，指一个人在情绪活动中经常表现出来的强度、稳定性、持久性和主导心境等方面的特征。

①情绪活动的强度

如有的人情绪易于受感染，容易冲动。情绪一经产生，非常强烈、高涨、热情奔放；而有的人沉静稳重，情绪的体验和表现比较微弱，易于控制，没有什么渲染。

②情绪活动的稳定性

这是指情绪的起伏和波动程度。如有的人时而平静，时而激动，忽冷忽热，情绪易波动；而有的人始终保持高度的热情或安详平和，情绪起伏不大。它显示了情绪活动稳定性方面的差异。

③情绪活动持续时间

有的人情绪活动持续时间较长，对其他活动遗留较长的影响；有的人情绪活动稍纵即逝，对其他活动的影响也很快消失，似乎不留踪迹。

④主导心境

每个人都有稳定的占主导地位的心境状态。有的人总是欢乐愉快，精神振奋；有的人则常常多愁善感，抑郁低沉，萎靡不振；还有的人经常是安乐宁静的；另有的人则是任性、激动的。不同的主导心境状态，鲜明地反映了不同的精神状态。

（4）性格的意志特征

意志特征是性格结构的重要侧面，它在一个人控制和调节自己的行为方式时表现出来。按照调节行为的依据、水平和客观表现，性格的意志特征主要包括四个方面：

①表明一个人的行为是否具有明确的目标并受社会规范的约束

如自觉性、目的性、独立性、组织性、纪律性、盲目性、冲动性、依赖性、散漫性等。

②表明一个人对自身行为自觉的控制水平

比如是主动、自制的或是被动、任性的等。

③表明一个人能否承受长期工作、学习的考验

比如是持之以恒、坚强刚毅或是见异思迁、虎头蛇尾等。

④一个人在紧急或困难情境中所呈现出的特殊表现

比如镇定、果断、勇敢、顽强或束手无策、优柔寡断、鲁莽从事、怯懦退缩等。

以上示例，只是性格特征的最重要的几个方面。性格特征极其多样，无法一一罗列。同时，各种性格特征有着一定的内在联系，是互相影响的。比如，对工作、学习认真负责、踏实勤奋的人，往往同时具有较强的坚持力和自制力，并且在性格的理智特征方面表现出认识活动的主动性。由于性格特征之间存在着这种内在联系，人们有时可以根据某人的一种性格特征推知他其余的某些性格特征。比如知道某人对自己的态度是任性，缺乏严格的自我要求等，就可预知他在性格的意志特征方面往往是缺乏毅力和坚忍性的。

各种性格特征是相互联系成整体地存在于一个人身上的，每个人不仅有不同的性格特征，而且这些特征的结构在每个人身上也是不一样的，这样，就使同一性格特征在不同的人身上表现出很大的差异来。例如，同样是鲁莽，有些人表现出"粗中有细"，在莽撞中表现了机智；有些人的鲁莽则往往带有更多的情绪色彩，不计行动后果。同样具有高度原则性、疾恶如仇的人，有的表现为敢怒敢骂，敢冲敢撞，无所顾忌，行动中流露出浓厚的情绪色彩；有的人则表现为辛辣嘲讽，旁敲侧击，行动中更多地表现出理智的因素。因此，通常我们要观察和了解一个人的性格，就先得从上述的四种性格特征系统：态度、理智、情绪、意志入手，方能把握性格的结构。

4. 性格的表现

　　性格是一个人比较稳定的心理特征，这种稳定的心理特征必然在日常生活中有所表现。一般说来，一个人的性格将从以下几个方面表现出来：

　　（1）活动中的表现

　　人的各种性格特征经常在各种活动中表现出来。早在儿童时期在他们的游戏活动中就往往显露出刚刚萌芽或已渐露轮廓的性格特征。例如，一些儿童愿意结伴游戏，另一些儿童则愿意独自玩耍；一些儿童爱好动手制作新鲜玩具，另一些儿童则爱好现成的玩具；一些儿童争取扮演"领袖"的角色，另一些儿童则宁肯接受别人的指挥。种种游戏方式选择上的不同，反映出儿童是否具有团结友爱、积极创造、自制主动等性格特征。学生在他们从事的学习活动中也显示出不同的性格特征。例如，课堂听讲的表现，完成作业的情况，

对待考试的态度等，可以反映出他们是否具有责任心、义务感等性格的情感特征，以及自觉性、坚忍性等性格的意志特征。

人们在社会实践活动中，更加明显地表现出趋于定型或处于缓慢改造中的性格特征。比如，人们对待劳动资料和劳动产品是节约还是浪费，是珍惜还是漠视；对劳动制度和劳动纪律是遵守还是违犯，是维护还是破坏；在集体劳动中是善于与人相处还是与他人格格不入等，都反映着性格上的差异。

（2）言语中的表现

"言为心声"。一个人言语的多少、言语的风格、言语的感情、言语的诚意以及言语的作用，都反映出他的内心心理活动及其性格特征。如健谈的人，可能性格开朗，善于交际；也可能妄自尊大，自吹自擂。鲁迅笔下的康大叔可能是个典型的健谈人物，而他的性格特征则是妄自尊大，自吹自擂。"吃了么？好了么？这样的趁热拿来，趁热的吃下，什么痨病都包好。"一副盛气凌人的样子。沉默寡言的人，可能出于高度责任感，不愿轻易启齿；也可能想掩饰自己的思想感情，是孤僻、怯懦和疑心的表现。有的人说话坦率直爽，有的人却冷嘲热讽；有的人说话满腔真诚，有的人却装腔作势；有的人说话只为表现自己，而有的人却总是注意别人的反应，适可而止。如此种种，表现出人们千姿百态的性格特征。生活经验告诉我们，儿童的言语通常具有真诚性和直率性，成人较易由此了解儿童的性格特征。

（3）外貌上的表现

生活中人的面部表情、身段姿态和衣着饰物等也可以在一定程度上反映出人的性格特征。例如，乐观者总是满脸笑容，悲观者则经常愁眉苦脸；自信者目光炯炯有神，自卑者眼神游移不定；高傲者昂首挺胸，摇头晃脑，谦恭者躬身低头，双肩微缩；标新立异者服饰别出心裁，新奇独特，循规蹈矩者衣着俭朴实惠，不求时髦。

应该说明的是，人的性格特征和它的外部表现之间的关系是非常复杂的。一般而言，儿童的外貌往往是性格的自然流露，甚至是其性格特征的毫无掩饰的表现。成人因为能够自觉地控制、调节自己的言语、姿态、面部表情及衣着饰物，因而常常掩盖了他们本来的性格特征，使其心理深不可测。因此，当我们依据外貌鉴定性格时，必须考虑到它的复杂性。

知识链接

鲁 迅

　　鲁迅（1881—1936），浙江绍兴人。原名周樟寿，后改名周树人，字豫山，后改豫才，"鲁迅"是他1918年发表《狂人日记》时所用的笔名，也是他影响最为广泛的笔名。著名文学家、思想家，五四新文化运动的参与者，中国现代文学的奠基人。毛泽东曾评价："鲁迅的方向，就是中华民族新文化的方向。"被誉为"二十世纪东亚文化地图上占最大领土的作家"。

5. 性格健康的特征

　　健全的人格和性格是心理健康的核心内容。根据诸多专家学者提出的心理健康标准，心理健康者的性格应该有如下的几个特征：

　　（1）悦纳自我

　　一个性格健康的人能够体验到自己存在的价值。他们了解自我，有自知之明，乐于接受自己；而心理不健康的人缺乏自知之明，对自己总是不满意。由于所确定的目标和理想不切实际，主观和客观的距离相差太远，他们总是自责、自怨、自卑。比如，有的人对自己生理方面的一些缺陷存在自卑，诸如自己的长相平平或长相丑陋，自己的身材过低、过胖、不苗条等。有的心理学家建议，悦纳自我应该从接受自己的身体开始。如果你对自己身体的某些方面不喜欢，那么你不妨先将这些内容列出来，然后看哪些是可以改变的，哪些是不能够改变的。若身体过胖，就可以通过进食低脂肪、低热量食品，通过锻炼身体来改变。而对于那些不能改变的身体特征，如自己的长相、身高、说话声音，则要乐于接受，因为这些特征是先天的，是无法改变的。

关于心理特征方面，自己要对自己的能力、气质和性格有客观的认识。一个人的智力水平、气质同先天遗传有一定的关系，一般而言是不容易改造的。但是，人的性格则是后天形成的，是可以通过自己的能力改变的。如果你是一个智力平平的学生，你可以通过形成刻苦勤奋的性格特征来取得成绩。所以，我们应该采取这样的态度：对那些能够改变的生理和心理特点，我们要尽量地去完善；对那些不能够改变的生理和心理特点，则要采取接受、悦纳的态度。

（2）悦纳他人，善与他人相处

性格健全的人，乐于与人交往，乐于接纳别人，人际关系和谐，能与集体融为一体，在与人相处时，积极的态度总是多于消极的态度；而性格不健全的人，则往往不合群，脱离集体，不能与人和谐地相处。

我国的心理学工作者黄希庭教授采用社会测量、访谈和观察等方法对大学生进行了研究，考察了有利于人际吸引与不利于人际吸引的个性特征，并进行了排序。

有利于人际吸引的个性特征排序：

①尊重他人，关心他人，对人一视同仁，富于同情心；

②热心班集体活动，对工作非常负责；

③持重，耐心，忠厚老实；

④热情，开朗，喜爱交往，待人真诚；

⑤聪颖，爱独立思考，乐于助人；

⑥重视自己的独立性和自制性，谦虚；

⑦有多方面的兴趣和爱好；

⑧有审美眼光和幽默感；

⑨温文尔雅，端庄，仪表美。

不利于人际吸引的个性特征的排序：

①以自我为中心，有极强的嫉妒心；

②对班集体工作缺乏责任感，敷衍了事或浮夸，不诚实或完全置身于集体之外；

③虚伪，固执，爱吹毛求疵；

④不尊重他人，操纵欲、支配欲强；

⑤对人淡漠，孤僻，不合群；

⑥有敌对、猜疑和报复的倾向；

⑦行为古怪，喜怒无常，粗鲁，粗暴，神经质；

⑧狂妄自大，自命不凡；

⑨学习成绩好，但不肯帮助别人，甚至瞧不起别人；

⑩自我期望很高，气量狭小，对人际关系过分敏感；

⑪势利眼，想方设法巴结领导而不听取群众意见；

⑫学习不努力，无组织无纪律，不求上进；

⑬兴趣贫乏；

⑭生活无约束。

通过这个排序表，我们可以清楚地看出，要想与他人相处融洽，让别人喜欢你，你必须具有一些好的性格特征，同时，要克服改变不良的性格特征。

（3）能正确地认识现实，接受现实

性格健全的人能够正确地认识现实，勇于面对现实，正视现实，接受现实，并主动地去适应现实，进一步改造现实，而不是逃避现实；同时，对生活、学习和工作中的各种困难和挑战都能妥善处理。美国著名的成人教育学家戴尔·卡耐基曾经说过："对必然的事轻快地承受，就像杨柳承受风雨，水接受一切容器，我们也要承受一切事实。"身残志坚的海伦·凯勒面对自己身体残疾这个现实，没有采取消极逃避的态度，而是正视现实，接受现实，以惊人的毅力做出了令人瞩目的成绩。在现实生活中，我们无疑会遇到一些挫折和打击，我们要学会接受这些事实。

性格不健全的人在遇到困难和挫折时，通常不敢面对现实，采取逃避现实的态度。我们经常看到这样的报道，某人因为没有考上重点中学或没有考上大学而轻生，某人因为炒股票赔本而跳楼……这些人就是无法接受现实而以自杀的办法逃避现实。

（4）热爱生活，享受生活，乐于工作和学习

性格健全的人应该是热爱生活，并在生活中享受人生乐趣的人。他们喜欢工作，乐于学习，在工作和学习中发挥自己最大的潜能，通过自己的学习和工作成绩，可以充分体现自己的价值。

拥有健康人格的人，对职业有较浓的兴趣，至少不讨厌，他们不仅把职业看做是生存的方式，同时也是能给他们带来安全和充实感的东西，这有助于人们保持平衡协调的意识。

拥有健康人格的人，对人、对事总抱有一种创造性的态度，能够用新的、与众不同的方法来完成任务、解决问题。他们对那种老是遵从平时习惯，老是机械地重复过去的方式没有兴趣。同时对生活提供的经验具有接受能力，而且可以把这些经验运用到新的生活途径上去。对经验有敞开的胸怀，能够自由地分享这些经验，适应性比较强。

他们能够自由选择自己的行动，感到有做自己想做的事的能力，对未来的视

野是宽广的。在生活的各个领域，能以创造性产品与创造性生活表现他们自己。相信自己的存在，自己需要与他人建立关系，需要兴趣、爱好和世界相一致。

他们能够从各个方面表现出对生活的热爱和尊重，尤其是知识方面，在充满生气和活力的发展过程中获得幸福。

（5）具有良好的心境，能够控制自己的情绪

性格健康的人能够经常保持乐观、愉快的主导心境，能够笑着面对生活。无论遇到高兴或悲伤的事情，他们能很好地控制自己的情绪，没有较大的情绪波动。

健康的人格既不表现出随时发泄情绪，也不长期抑制情绪，更确切地说，健康人格就是表现出在抑制与发泄之间做出合理选择的能力。在不涉及什么重要价值时，拥有健康人格的人会自由自在地表达他们的情感，无论是纵声大笑，还是失声痛哭，或是勃然大怒或是悲痛欲绝，他们都毫不掩饰自己。但是，如果这种发作会使一些事情处于危急之中时，他们会抑制自己的情绪，仍然保持平时的行为方式。

（6）具有高尚的价值观，追求崇高的人生目标

性格健全的人能够正确地对待名利，不以追求名利为自己的生活目标。他们具有高尚的人生观和价值观。

拥有健康人格的人应该知道自己是为了什么而活着，而不是仅仅依靠本能的行为来维持自己的生活。

动物可以依靠本能在地球上生存，但对人来说这几乎是不可能的。即使是还未开化的原始部落中，人们的生存也是为了自己能够享受更丰富的生活。

"我的人生意义何在？""我怎样生活？"对这样的问题的不同回答就构成了不同的人生态度。如果回答是令人振奋的，那么他的人生将充满了活力，他将感到自己是充实的。如果回答是令人沮丧的，甚至不知道怎样回答，他就会进入某种无所适从的状态。他不知自己从何处来，也不知道要往何处去，就好像在沙漠中迷了路，他胡乱地转了几圈，发觉又回到了原来的地方。于是他绝望了。人为什么会感到空虚？就因为他未能感觉到生活的意义。拥有健康人格的人必须有坚定信念和明确的目标。

企图在一夜之间就能发大财，这是不现实的，有这种念头的人会掉进陷阱里不能自拔。仅仅崇拜金钱是毫无意义的，你必须明白：你用它来干什么？不仅仅

是为了使你的银行账户增加几位数，你必须学会回报社会，那样你才能得到快乐。

认识到自己的目标是可喜的一步，然而为了这个目标而努力工作才是最有价值的。有许多人已经拥有大笔的财富，可是他们并不快乐，他们生活在忧郁之中，有的人甚至觉得自己很无聊，很空虚。这是为什么？正是因为他们没有意识到，真正的快乐在于不断的进取。如果心中已经没有了目标和信念，你的生命便会黯然无光。一个人无论他在社会中处于什么地位，只要他心目中再也没有了前进的动力，他就不可能是幸福的。

当我们渴望得到某种东西时，我们感到有一股无形的力量在驱动我们去争取它。但是一旦我们得到了它，便会觉得那也不过如此，并没有什么特别之处。于是我们只能重新又确定另外一个目标以求得心理上的平衡。

6. 性格是怎样形成的

关于影响性格形成因素的讨论，心理学史上曾经存在过两个极端的理论。生物遗传决定论者高呼："一两遗传胜过一吨教育。"与此相反，环境决定论者宣布："给我一打健全的婴儿和我可以培育他们的特殊世界，我就可以保证随机选出任何一个，不问他的才能、倾向、本领和他的父母的职业及种族如何，都可以把他们训练成为我所选定的任何类型的特殊人物，如医生、律师、艺术家、大商人，甚至于乞丐、小偷。"

按照生物决定论的观点，人的性格是命中注定的，是生物因素的产物。遗传科学的发展，使这个观点的拥护者们说，性格，就像眼睛的颜色，相应的遗传信息将以特别的"编码"形式包含在基因中。任何外在的东西都不可能改变它们。因此，从本质上说，人只有消极地等待从他出生时起就已经决定了的性格品质的出现，而不可能积极地去培养、去塑造，因为即使后天再努力也是白搭。纵然在他身上出现了自私、欺骗等消极品质，但无论是周围人还是他自己都没有阻碍这些品质出现的义务，因为这是命中注定的。

那么实际上到底是不是这样的呢？让我们来看一个个案。前苏联心理学家科瓦列夫对一对同卵双生的女大学生进行了4年的观察，她们的外貌非常相似，在同一个家庭成长，在同一所小学、中学、大学（历史系）接受教育，但在性格上两个人却有相当明显的差别。姐姐比妹妹好交际，也比较果断、勇敢和主动，在谈话和回答问题时，总是姐姐先回答，妹妹只表示同意或补充回答。从生活史上了解到，原来，在小的时候，由祖母作决定，父母同意，在她们中认定一个是姐姐，一个是妹妹。从童年起，就责成姐姐照管妹妹，要对妹妹的行为负责，作她的榜样，带头执行长辈委派的任务。这样一来，姐姐从小就形成了独立、主动、善交际、果断的性格。而妹妹却养成了追随姐姐，听从姐姐意见的习惯。

很显然，这表明，一个人的性格不是天生的。而是从他儿童时期开始，不断经受社会环境的影响、教育的熏陶和自身的实践而形成的。

而按照环境决定论的观点，人的性格是环境的模塑品，忽视了人自身的积极性。如果奉行这个观点，就不能解释为什么在同样的社会环境中会培养出不同性格的人来。

针对上述两种理论的弊端，有人提出了容纳二者的"二因素论"。这种理论认为性格是由生物因素、环境因素共同决定的；或者认为性格是遗传原子和环境原子的复合。但这个观点只是把两方面因素机械地拼凑起来，最终却注定要回到上面两条路中的任何一条路上去。

那么，性格究竟是怎样形成的呢？

（1）遗传：性格形成的生物基础

虽然遗传在一个人性格的形成中并不起绝对作用，但我们不能否认生物学因素对性格的影响作用。科学家们曾经把猩猩这样的高等动物放置在人的环境中养育，看它是否能像人一样产生个性，结果却失败了。因此，遗传，应该说是人的性格形成的生物学基础，但也仅仅是基础。

（2）环境：性格形成的外因

性格是人在各种活动中，在适应和改变环境的过程中对客观现实进行反映的结果，是后天形成和发展的。

仅仅承认人是一个生物体，那是不符合人的本性的。人是社会存在物，人的社会性才是人的最本质的特征。

人从诞生时起，就开始了一个社会事件。漫长的生命历程中，作为一个社会实体，人的个体的生存环境始终是一种社会的生存环境。

人创造了环境，同样，环境也创造了人。生活是这般地深情，社会是那样地慷慨，在生活于其中的每一个人的心灵上都打下了深深的烙印。

美国心理学家汤姆森·约翰逊做过这样一个实验：他把在地震中丧失双亲的一对孪生兄弟分别送给愿意收留他们的内华达州的一个议员和佛罗里达州的一个穷人，并对二人进行了长达30多年的跟踪调查。结果议员家中的那个孩子由于受到较好的熏陶和文化教养，性格既活泼外向，又温文尔雅，最后成为内华达州一位很有名气的律师。而那个在贫民窟中长大的可怜虫则继承了他养父的一切特点，甚而变本加厉：懒惰、粗暴、冷酷、野蛮、不思进取，最终沦落街头，成为该州众多的流浪汉中的一员。

一胎双生的孪生兄弟，从遗传学的角度而言，其基因应该说没什么太大的差别，而性格上却如此迥异。可见环境对一个人性格的形成具有多么大的影响。

一个人一生所经历的环境，具体说来，主要包括家庭、学校、工作岗位、所属的社会集团以及各种社会关系等。它们都不同程度地影响和塑造着一个人的性格。

①家庭

家庭是社会的基本经济单位，也是社会中各种道德观念的集中点。因此，家庭对儿童性格的形成是起着奠基作用的。这种作用主要是通过家庭中人与人之间的关系和儿童在家庭中所处的地位，以及家庭成员（首先是父母）的实际行动对儿童的影响实现的。

望子成龙心切的父母们，你们在对孩子寄予厚望的时候，可曾考虑到你们自身的因素对孩子们的影响？俗话说："孩子是父母的影子"，家长的一言一行都是孩子学习的榜样。母亲爱打扮，女儿也爱打扮；母亲多嘴多舌，儿女则鹦鹉学舌。父母对他人的态度，对劳动和公共财物的态度也都是儿童最早学习的榜样。

有这样一则笑话：一对青年夫妇十分嫌弃他们的父母。一天，丈夫从外面弄了两支竹杖和两个破碗回来，想打发父母出去乞讨。旁边的儿子看见了，就问其父原因，父亲告诉他说："爷爷奶奶年纪大了，让他们自己谋生去，省得拖累我们。"儿子听后，就大声对父亲说："爸爸，今后我不小心打烂的碗就不要丢了，如果方便，再找两根竹杖回来。"父亲对此莫名其妙，就问儿子要这些干什么，儿子说："等今后你们年纪大了，我也好打发你们出去自谋生路哇，省得到时候拖累我。现在趁你们还听我的话，把东西准备齐了，省得今后我再为此操心。"

总之，家庭教育对性格有一定的影响，良好的家庭教育能使儿女具有积极的性格特征，不良的教育则会养成不良的性格特征。读到这里，相信正努力地致力于完善自己孩子的聪明才智的年轻父母们，已经明白了该怎样以自己的实际行动去帮助孩子形成良好性格的表率。

②学校

学校是对学生进行教育的机构，它扩大了学生的生活范围，丰富了他们的活动内容，同时也提高了对他们的要求，给予他们更系统的训练。这样，学校教育对学生性格的形成和发展就产生了重要的影响。在学习知识和技能的过程中，学生也易于养成虚心好学、认真仔细、自觉工作、遵守纪律等性格特征。

学校的基本组织形式是班级集体，对学生进行教育起主导作用的是教师。因此，一个在师生关系和班级集体中得到肯定、尊重、温暖和平等相待的人，往往积极乐观，对生活充满信心，也容易养成集体观念；反之，一个在师生关系和集体中遭到否定、排斥、冷淡和不平等待遇的人，往往会有敌对思想、自卑感等性格特征。

此外，班级的班风，学校的校风，以及团队教育的效果如何，也会对学生能否养成集体主义观念、团结互助、勇敢坚强、奋发向上、积极创造等性格特征起到影响作用。

③社会信息

社会信息也影响着性格的形成。社会信息的获得，可来自直接的观察，也可由别人间接传授，但通常直接观察对一个人的性格影响更为迅速。例如，电视节目里的许多攻击性行为对于年幼无知的孩子的行为发展影响很大。1971年，心理学家曾在一个实验里让一组八岁的小孩每天花一些时间观看具有攻击性行为的节目，而另一组小孩则在同样长的时间里观看没有攻击性行为的节目。在实验进行过程中，同时对这两组小孩所表现出的攻击性行为加以详细的观察和记录，以作为日后比较的依据。实验结果发现，观看攻击性节目的小孩，其攻击性行为有增多的现象。但是，那些观看不含攻击性节目的小孩，在行为上却没有改变。另外一个长期性的研究证明，在10年以后追踪调查以前参与观看攻击性节目实验的小孩，在他们到了十几岁时，仍然是较具有攻击性的。

此外，电影、通讯报导和文艺小说中的英雄榜样或典型人物有时也能激起学生们丰富的情感和想象，引起模仿的意向。例如，当一个人由于生理上的创伤、精神的刺激或其他原因而产生悲痛、失望的心理状态，且安慰和忠告都无济于事时，文艺作品中的范例常常可以唤起人的生活意志和创造力，对人的精神生活起到特殊的鼓舞作用。但有时，人们也容易受到坏思想的腐蚀，他们会出于好奇，错误地学习冒险行为或接受消极悲观的思想情绪。

④职业环境

人们长期从事的职业，对人的性格也会产生一定的影响。例如，经济工作者的职业要求他们一丝不苟，有条不紊；教师的工作则要求他们耐心细致，循循善诱；推销员的职业要求他们机智灵活，百折不挠；管理员的工作则要求他们胸有全局，善于运筹……一个人要称职，就必须按照自己所从事的职业对他提出的要求，不断地改造和重新塑造自己的性格。

总之，生活环境对于性格的形成和发展起着重要的作用，我们应该充分认识这种作用。同时，我们还应该看到，在相同的现实生活和教育影响下，不同的人可以形成不同的性格，但任何外部条件都不能直接决定人的性格，而必须通过个体的心理活动间接发生作用。

（3）自我教育：性格形成的内因

性格和其他心理现象一样，是人们在认识世界和改造世界的过程中逐步形成和发展的。任何一种性格特征的形成，都是人们把所接受的外部社会的要求逐渐转变为自己内部要求的过程。人在顺应环境的过程中，一切外来的影响都通过自我调节而起作用。人们通过社会实践，发挥能动作用，对客观世界会产生新的认识、需要、情感。如果外部要求与自己的态度相吻合并能够满足自己的需要，往往就能较快地转化为内部要求，并见诸行动。久而久之，一种新的性格特征便培

23

养起来。相反，如果外部要求与自己已有的稳固的态度相冲突，不符合个体的需要和动机，那就难以转化为内部要求，当然也就难以形成新的相应的性格特征。

对于性格形成这个十分复杂的过程，许多心理学家试图揭露其内在机制，提出了一些假说。

前苏联心理学家列维托夫认为，性格的形成是心理状态沉淀的结果。心理状态是心理活动过程与个性心理特征之间的过渡阶段，如果某种心理状态经常发生，那么它就会积累下来而成为稳固的性格特征。比如某个学生学习中经常出现全神贯注的心理状态，则很可能因此形成认真好学的性格特征；而另一个总是处于漫不经心的心理状态，则可能因此而形成粗心大意的性格特征。

另一位前苏联心理学家鲁宾斯坦提出，性格的形成是由于动机的泛化和概括化。他认为动机是性格的"建筑材料"，性格是在受情景制约的动机的基础上逐渐形成的。由某种情境激发起来的动机，最初只限于具体情景的狭小范围，以后随着类似情况的不断出现，人就以类似的行为方式重复地反应。于是，这种情境性的动机就扩展到类似的情境中去，并在个体身上巩固下来，成为概括化的动机体系，如果和特定的行为方式相融合，就形成了个体的某种性格特征。例如，儿童的劳动动机，开始只指向某种个别场合，如只是和收拾玩具联系着，以后逐渐指向类似活动，如铺床、打扫房间和浇花、拔草等。就这样，他们慢慢地形成"勤劳"的性格特征。

每个人都在自己塑造着自己的性格。特别是青少年在初步形成自己的道德价值观后，能根据道德价值观来调节他们的行为，自我调节就更为突出地表现出来。这时，他们的性格形成已从被控制变成了自我控制，他们能够产生一种"自我锻炼"的独特动机。在这种动机支配下，他们会主动地到处寻找榜样，确定理想，并力求了解自己的优缺点，拟订自我教育的计划，给自己规定一些发展某方面品质的行动规划或提出一些警示，有意识地注意行为的练习。所以，自我教育在一个人性格的形成和发展过程中起着决定作用。这种决定作用，是通过个体的需要、动机和兴趣而折射的，即外因通过内因而起作用。

教育经验表明，自我教育是教育工作的必要组成部分，尤其是对于那些已立身于社会的人们，它是进行自我完善的必要途径。

第二章
树立起
真正的自信心

1. 一个人越自信，他的性格越迷人

在文学名著《简·爱》中，财大气粗、性格孤僻的庄园主罗杰斯特，怎么会爱上地位低下而又其貌不扬的家庭教师简·爱呢？因为简·爱自信自尊、富有人格的魅力。当主人罗杰斯特向她吼叫"我有权蔑视你"的时候，历经磨难的简·爱用充满超人的自信和自尊及由此带来的镇静的语气回答："你以为我穷，不好看，就没有感情吗？……我们的精神是平等的，就如同你和我将经过坟墓，同样地站在上帝面前。"正是这种自信的气质，使她获得了罗杰斯特由衷的敬佩和深深的爱恋。简·爱这个普通妇女的艺术形象，之所以能够震撼和感染一代又一代各国读者的心灵，正是她以自信和自尊为人生的支柱，才使自己的人格魅力得以充分展现。一位学者指出：相貌平平者，不必再为你的貌不惊人而烦恼，因为"一个人越自信，他的性格越迷人"。增加几分自信，我们便增加了几分魅力。

自信心是比金钱、势力、家世、亲友更有用的条件。它是人生可靠的资本，能使人努力克服困难，排除障碍，去争取胜利。对于事业的成功，它比什么东西都更有效。

假使我们去研究、分析一些有成就的人的奋斗史，我们可以看到，他们在起步时，一定是先有一个充分信任自己能力的坚强自信心。他们的意志，坚定到任何困难险阻都不足以使他们怀疑、恐惧。这样，他们就能所向无敌了。

我们应该觉悟到"天生我材必有用"，觉悟到"造物育我，必有伟大的目的或意志，寄于我的生命中；万一我不能充分表现我的生命于至善的境地、至高的程度，对于世界，将会是一个损失"——这种意识，一定可以使我们产生出伟大的力量和勇气来。

麦克阿瑟在西点军校入学考试的前一晚紧张之极。他的母亲对他说："如果你不紧张，就会考取。你一定要相信自己，否则没人会相信你。要有自信，要自立。即使你没通过，但你知道自己已全力以赴了。"发榜后，麦克阿瑟名列第一。

当我们相信自己能做出最好的成绩时，我们不仅会发现自信心提高了，而且会发现自信会有助于我们的表现。

知识链接

简·爱

《简·爱》是英国女作家夏洛蒂·勃朗特创作的长篇小说，是一部具有自传色彩的作品。

作品讲述一位从小变成孤儿的英国女子简·爱在各种磨难中不断追求自由与尊严，勤劳勇敢，最终获得幸福的故事。小说引人入胜地展示了男女主人公曲折起伏的爱情经历，歌颂了摆脱一切旧习俗和偏见，成功塑造了一个敢于反抗，敢于争取自由的妇女形象。

2. 学会准确地进行自我认定

性格自信的人，往往能够正确地认识自我，准确地进行自我认定。

什么叫"自我认定"？这是社会心理学中的一个概念。其实它的内涵并不复杂，就是指一个人对自己生理、心理特征的判断与评价，是自我意识的重要组成部分。

人不仅能意识到周围世界客观事物的存在，而且也能意识到自己的心理和行为，把自己的意图和体验、思想和感觉报告给自己，调节自己，控制和完善自己，根据自身的需要和社会的需要自觉地调节自己的行动。人的这种意识和自我意识功能表明，人是能够认定自己的。

　　然而，准确地认定自己并非易事，人的自我意识是有一个发展和完善的过程的。青少年尚未或刚刚开始走向独立生活，自我意识大大地增强了，但常常表现出某些偏见。我们平时经常听人说，"我对自己最清楚！""难道我对自己还不了解吗？"其实，讲这些话的人中某些人对自己并未真正地了解。我们常说的"自我"，具体说来可包括三个部分，即生理自我、社会自我与心理自我。平时我们每个人对这三方面的"自我"都有一定的看法和评价。

　　例如，有的男孩子因自己身材矮小而自卑，有的女孩因自己过于肥胖而苦恼，这就是对"生理自我"的认定。他（她）们认为自己在生理方面不如别人，于是便总是怀着矮人一截的自卑心理。

　　又如，有的青少年出生于高干家庭，有的青少年海外有众多"富翁亲戚"，他们自己生活在有地位、有财富的家庭，从而觉得高人一等，因而便常常以此作为炫耀的资本。这些人以自己的"社会自我"而自豪。

　　再如，有些女孩学习成绩差，便认为自己脑子笨。有些男孩一开口说话就面红耳赤、结结巴巴，便感到自己表达能力差，他（她）们因此而怀着深深的自卑感。这其实就是对自己"心理自我"的错误认定。

　　由此可见，一个人的自我认定表现在日常生活的各个方面，是非常具体而实在的。

　　当然，生活中也有不少人缺乏自我认定的能力，他们无力对自己做出确切的判断与评价。有些孩子，十分关心自己面貌的美丑，却又不知道自己究竟是美还是丑。因此，当别人说她长得端庄秀丽时，便会心花怒放、兴高采烈；而听到别人背后议论她长相难看时，便会伤心痛苦、精神一蹶不振。还有些青少年，每做一件事总要听取别人的意见，做完之后又等着别人评判，自己不知道好坏成败。这些都是缺乏自我认定能力的表现。

青少年时期是一个人逐步摆脱对父母的依赖，走向独立的关键时刻，也是一个人自我认识迅速增强的重要时刻。这个时期人生的一个重要任务就是学会自我认定。一个能正确认定自我的青年，必定能对自己的生理、社会、心理三方面的自我做出恰当的判断和评价。

首先，不管长相美丑，不管生理上有无缺陷，都能愉快地接受自己。既不因为美而傲视别人，也不因为丑而自惭形秽。我就是我，是这个世界上独特的"这一个"。一个人只有愉快地接受并正确地认识生理上的自我，才有可能发展社会自我和心理自我，才有可能使自己的一生散发出瑰丽光彩。

其次，能正确认定自我的人，并不在乎家庭地位的高低和财富的多寡。他们既不会因此而趾高气扬，也不会因此而卑微畏缩。他们深深知道，人生的道路是自己一步步走出来的，别人无法替代，即使最亲近的人也无法为你的生命史写下光辉的一章。

最后，正确地认定自我的人，在心理上就会自信而不高傲、谦虚而不卑微。他们能够坦诚而真实地面对自己的一切，不做作，不掩饰。在任何情况下，他们都能主宰自己、驾驭自己，而不会随波逐流、人云亦云。当然，他们也听取别人的意见、尊重别人的意见，但决不会完全被别人束缚或限制，主意得自己拿，决定得自己做。

一个人一生的成败与得失，是由许多因素决定的，但青少年时期能否学会正确地认定自我，则是关键的一步。因此，走好这一步，便成了青少年的重要课题。

3. 学会在内心肯定自己

如果不断地肯定自己极其合格，极具力量，极富才干和能力——这些思想和理想能塑造强者，那么，我们的精神动力就会得到惊人的发展。

在这种情况下，较之我们总是想着那些不愉快的经历的情况，我们肯定能更好地利用和发挥我们的脑力。不管人们能否正确地对待我们，我们一定要对自己说："我太伟大了，不可能和那些极端堕落、卑鄙无耻的小人们狼狈为奸、沆瀣一气，我不可能只有他们的那种水平和见识。无论他人怎样待我，我都要像个人样儿。生命实在太丰富了，我没有必要去让那些无关紧要的小事搅乱我平静的心态或破坏我的心情。我必须极其诚实正直地向世人展示我生来就被赋予的品格，展示我与众不同的素质，展示我的真正本质。因为其他人拒绝展示他们真正的自我或不愿转向他们真正的自我，因为他们将他们的时间耗费在那些损害他们的才干的事情上去了，因此，我不敢展示真正的自我便是毫无道理的。"

如果我们的心绪不佳和混乱，如果我们感到烦躁不安，如果我们与每个人都不和，如果一些小事情就使我们气恼不已，那么，我们就应该多想一想那些美好的、和谐的事儿，多想一想那些令人高兴的事儿。一定要下定决心，即无论发生什么事，自己都会保持欢愉和平静的心情，都不会让那些鸡毛蒜皮的小事来愚弄自己，都会努力使自己的心理保持和谐与协调。换句话说，要决心做一个超然于生活琐碎之事之外的人。我们要不断地对自己说："对一个伟大的强者来说，对一个生来就有主宰世界的力量的人来说，被一些琐碎、愚蠢和不足挂齿的小事弄得如此难过，弄得六神无主、方寸全乱是一件多么荒唐的事啊！"我们要决心使自己以平静的、泰然自若的、自尊的心情回到自己的工作岗位，要决心使自己善始善终

地干完自己的工作。如果可能的话，不妨在户外实践一下这种方法，深呼吸几口新鲜空气，我们会精神抖擞地、活脱脱像个新人般重又回到我们的工作岗位。

我们将会发现，花一点时间使自己保持协调将会有多么丰厚的回报。无论我们什么时候失去协调，都要终止手中的工作，都要坚决拒绝做任何其他的事情，直到我们找回了失去的自我时为止，直到我们重又坐在自己心灵王国的宝座上时为止。

如果想最充分地施展自己的才华，我们就应该使一切事情恢复正常，就应该严厉对待自己或严格要求自己，就应该好好地和自己谈谈，就像一位爸爸希望他的儿子成才时苦口婆心地和他谈话一样。

一旦开始从事一件事情时，我们就不妨对自己说："现在，我做这件事是最恰当不过了。我必定会取得成功。在这件事情上，我或者表现出我的勇气，或者表现出我的懦弱。我没有任何退路。"

一定要养成自我激励的习惯，要不断地对自己说一些催人奋发、鼓舞人心的，使人勇敢、坚毅起来的词句或者话语。比如："给予我面对我必须面对的事情的勇气吧！"

我们就会惊异地发现，这种自我暗示多么迅速地就使我们重新鼓起了勇气，就使我们重新振作起来了。

4. 充分信任自己的能力

正如一位作家所说："相信自己，充分信任自己的能力。对自己能力缺乏合理的自信，你就无法获得成功和幸福。"

自信并不是狂妄或自大。实际上，自信能使你更加谦逊，因为了解自己的价值可以帮助你更好地了解别人的价值。

而且，喜欢自己并不是说对自己所做的一切事情都喜欢。自信就是能够正确评价自己特殊的才能、作为一个人所具有的价值，以及充分展现自己最优秀的方面和发挥潜在能力的愿望。重视自己的优点，努力改善缺点。自信的人总是会不断提高自己。他们明白，喜欢自己并不是为了与其他人进行竞争，而是要充分重视自己并努力做到最好。

认可自己的行动能力是自信的关键。如果因为自己所做的事情而责备其他人，或如果对自己非常懊悔，以及认定自己注定事事失败，你就无法获得一种强烈的自信。如果做错了事，要立刻道歉并努力改正（人们尊重能够这样做的人）。努力从这些事情中吸取经验和教训，并努力下一次做得更好，一定不要自我放弃。

有些时候所发生的事情并不是你自己所能够控制的。在那些时候，你不过是采取类似条件反射式的举动。承认并面对上述现实，告诉自己，"我仍然是非常重要的人"。

当你能够正确评价自己的长处，甚至也能够清楚地看到自己的缺点和不足，而且能够理智地喜欢自己，那么就可以准备着手制订计划，并实施发展人格的活动，以展示自己所能够实现的最佳形象——充满自信。

为了维持一种错误的和不真实的自我形象，人们通常避免面对和接受现实。他们可能会躲避现实，忽略那些与自我形象不一致的地方。或者拒绝接受反映真实情况的活动或事情。闭住双眼，回避现实会阻碍你理解和接受真实的自我。

在自我形象中，总有一些内容是自我感受中的重要部分，当发生的事情与这些内容相违背时，麻烦就随之而来。体内的"自我"会非常不愉快，自信也受到威胁，你不希望这样的事情发生在自己身上。结果，一种紧张感就会在体内滋生。在陷入失望当中的同时，你会产生深深的怨恨。如果这种抵触情绪极大地刺痛了自信，你可能会为这种事情发生而责备自己。

当与自我形象相抵触的事情发生时，努力忽略这些事情是自然而然的事。原因明摆着。如果你假装事情没有真正发生，或者努力让自己相信这些事情不像看起来那样糟糕，你的自我形象会得到短暂的维护。你说服自己，相信真实的自我与这些事情毫无关系。然而，这样做会产生一个致命问题。使用上述策略会造成很大的心理压力，使用这种伪装的次数越多，心理上的压力就会越大。

你必须要学会去承认和接受那些事实。那么你的自我形象就不会与真实经历发生冲突。你必须了解和喜欢内心的自我，对现实的紧张和抵触将消失。与此同时，树立自信的障碍也会消失。

知识链接

脱氧核糖核酸

脱氧核糖核酸（缩写为 DNA），又称去氧核糖核酸，是一种分子双链结构，由脱氧核糖核苷酸组成。DNA 是脱氧核糖核酸染色体的主要化学成分，同时也是组成基因的材料，有时也被称为"遗传微粒"，原因是在繁殖过程中，父辈会把它们自己 DNA 的一部分复制传递到子辈中，完成生命密码的传播。这些生命密码可组成遗传指令，引导生物发育与生命机能运作。

带有遗传信息的 DNA 组织称为基因，其他的 DNA 序列，有些直接以自身组织发挥作用，有的则直接参与生物调控遗传信息。组成一个生命最少需要 265~350 个基因。DNA 的结构一般可划分为一级结构、二级结构、三级结构和四级结构。

5. 对自己要做肯定的评价 ----------------------------------

　　1951年，英国人弗兰克林从自己拍摄得极为清晰的DNA（脱氧核糖核酸）的X射线衍射照片上，发现了DNA的螺旋结构，并就此举行了一次报告会。然而弗兰克林生性自卑多疑，不断怀疑自己论点的可靠性，于是放弃了自己先前的假说。可是就在两年之后，沃森和克里克也从照片上发现了DNA分子结构，提出了DNA的双螺旋结构的假说。这一假说的提出标志着生物时代的新开端，沃森和克里克因此而获得1962年度的诺贝尔生理学或医学奖。假如弗兰克林是个积极自信的人，坚信自己的假说，并继续进行深入研究，那么这一伟大的发现将永远记载在他的英名之下。自卑通向失败，这是显而易见的。

　　那么，自卑究竟是什么呢？自卑是一种消极的自我评价或自我意识。一个性格自卑的人往往过低评价自己的形象、能力和品质，总是拿自己的弱点和别人的强处比，觉得自己事不如人，在人前自惭形秽，从而丧失自信，悲观失望，不思进取，甚至沉沦。具有这种性格的人比较敏感、柔弱，想象丰富，胆小怕事，依赖性强，感情用事，缺乏耐性，好冲动，不冷静。

　　他们常常因一些小事而觉得内疚，许多时候倒不是因为他做错了，而是做得不很理想，不够完美。他们往往是"完美主义者"，但生活不可能都完美，这也正是他们难以树立自信心的客观原因。

　　这种人喜欢退缩，面对竞争和挑战通常采取逃避态度。他们愿意与人交往，但是又怕被人拒绝；想得到别人的关心与体贴，又害羞不敢亲近。

　　经常使用"真的"之类强调词汇的人，多缺乏自信，唯恐自己所言之事的可信度不高。可恰恰是这样，结果往往会起到欲盖弥彰的作用。这类人很自卑。他首先看不起自己，觉得自己处处不如别人，甚至没有一点点值得"称道"的地方。"我究竟有什么优势？"他们常常自问。

其实优势他们是有的，只不过因为自卑而没有感觉出来。一旦与知心朋友谈心，朋友们给他指了出来，他也许就相信那确实是真的，但这种想法往往并不持久，一段时间后他又恢复了原样。

由于自卑，使得他做事时信心不足。因此，失败是常事；一旦失败，又令他深深地自责，从而更加自卑。于是形成了一个恶性循环的怪圈。

人生最大的难题莫过于：知道你自己！许多人谈论某位企业家、某位世界冠军、某位著名电影明星时，总是赞不绝口，可是一联系到自己，便一声长叹："我不是这块料！"他们认为自己没有出息，个会有出人头地的机会，理由是："生来比别人笨""没有高级文凭""没有好的运气""缺乏可依赖的社会关系""没有资金"等。而要获得成功就必须要正确认识自己，坚信"天生我材必有用"。

严重的自卑感扼杀一个人的聪明才智。另外，它还可以形成恶性循环：由于自卑感严重，不敢干或者干起来缩手缩脚、没有魄力，这样就显得无所作为或作为不大；旁人会因此说你无能，旁人的议论又会加重你的自卑感。因此必须一开始就打断它，丢掉自卑感，大胆干起来。

成功与快乐的起点，就是良好的自我认识。在你真正喜欢别人以前，你必须先接纳自己。在你未接纳自己以前，动机、设定目标、积极的思考等，都不会为你工作。在成功、快乐属丁你之前，你必须先觉得这些事情很值得。

成功的规律不是说只要接纳自己就能成功，而是说不接纳自己就无法成功。自卑的人虽也看到身边有许多有利条件和时机，但他总认为这些条件和

时机是为别人准备的，与自己并不相干，甚至自己根本不接受这些条件和机会。因此他们就不努力奋斗，也没有和别人竞争的勇气。自卑的人就是这样替自己设置障碍。没有一个人能越过他自己所设置的障碍。马克思很欣赏这样一句话："你所以感到巨人高不可攀，只是因为自己跪着。"不信你站起来试一试，你一定能发现自己并不注定比别人矮一截。许多事情别人能做到的，你经过努力也能做到，重要的是接纳自己，对自己要做肯定的评价，对自己的优点和力量要有自觉。

知识链接

红楼梦

《红楼梦》是清代作家曹雪芹创作的章回体长篇小说，中国古典四大名著之首，又名《石头记》《金玉缘》。此书一共120回。红楼梦新版通行本前80回据脂本汇校，后40回据程本汇校，署名"曹雪芹著，无名氏续，程伟元、高鹗整理"。

《红楼梦》成书于1784年（清乾隆四十九年），是我国古代最伟大的长篇小说，也是世界文学经典巨著之一。书中以贾、史、王、薛四大家族为背景，以贾宝玉、林黛玉爱情悲剧为主线，着重描写荣、宁两府家族由盛到衰的过程，全面地描写了封建社会后期的人性世态及各阶层的社会矛盾。

6. 认识和了解自卑

为了培养良好的性格，更成功地生活，青少年一定要注意克服自卑的性格，努力养成自信的良好性格。要想克服自卑，首先要认识和了解自卑的程度。自卑心理是尊严的大敌。心理学家指出，自卑可分为如下几个程度：正常自卑、过度自卑、极度自卑。

　　所谓正常自卑，是指一个人对自己缺乏信心，在某些方面对自己评价过低，这导致一个人在有些时候对自己产生或怜悯或失望的情绪，这种自卑心和妒忌心比较接近，只不过妒忌牵扯到对他人的憎恨，而自卑只是针对自己。这种自卑是一种正常的心理体验，只要不形成长期的心理压力，一段时间就能改正。俗话说"爱美之心人皆有之"，其实"自卑之心"也是"人皆有之"。因为每个人都不可能是十全十美的人，每个人都有自己不如别人的地方。一个人老是盯着自己的缺点和不足看，就容易陷在里面放大这些不足，因而产生自卑心理。但这种心理一般说来是正常的，因为一个意识到自己缺点的人是比较明智的，如果能对自己宽容一些，明白"人无完人"的道理，再从其他方面加强优势互补，便很快可以纠正过来，变成正常的对自己的客观认识，"知不足方有所进取"，这就是一种良好的心理习惯了。

　　如果一个人不从自身的优势上加强补救，而是沉湎于自身的缺陷，甚至于痛苦不堪心灰意冷，那就是过度自卑了。过度自卑是一种性格上的缺陷，这与能力、生理上的缺陷不同，这种心态既有损于心理，也有损于身体，更可怕的是，它会使原本并不是缺陷的地方也成为缺陷，使原来的缺陷更加强化。在这种心理意识下，一个人会变得敏感多疑，妒忌成性，又自怨自艾，甚至滑向自暴自弃的深渊。

　　最典型的例子莫过于《红楼梦》中的林黛玉，她因为自己是投靠于亲戚，又父母双亡无权无势，心理形成了深深的自卑。这本来是令人同情的，但她过于看重这一切，不管贾母怎么宠爱她，宝玉怎么讨好她，都不能使她轻松起来。仆人们在一起谈论，她便认为是嘲弄她，宝玉有一点照顾不到，她就担心是看不起她，以至于薛宝钗戴个金项圈，黛玉看自己没有也自卑起来。本来黛玉才华高，品貌又好，但她对这一切都看不见了，只是把"金玉"之事存在心里，最后竟为此送

了性命。

　　过度自卑再发展一步就是极度自卑。在过度自卑阶段，虽然一个人的人生快乐和幸福都已丧失掉了，但人格和尊严一点也没减弱，相反，正是因为过度自卑，尊严感反而愈加强烈。黛玉的敏感、孤傲和她的自卑形成鲜明的对比，二者都走向两个极端，靠极端而维持平衡。可以说，过度自卑反而是过度自尊造成的。但一旦到了极度自卑阶段，一个人就真的不可救药了。我们知道，在古代社会里，由于君权意识和传统价值观的糟粕，老百姓被冠以"贱民"的称谓。在官老爷以及权势者们面前，百姓们习惯于"奴性"地生存，低三下四，俯首听从，一点自尊也没有。这种人物我们从一些电影、文学作品中随处可见。那些跪着自称"奴才"的人，尊严感又在哪儿呢？《雷雨》里的鲁贵、《慈禧太后》里的李莲英以及许许多多被迫或甘愿做奴才的人，他们是放弃了尊严的人，所以他们自称"奴才"，对主人点头哈腰，俨然一只哈巴狗，这时的自卑就有些可悲了。

第三章
适度培养
外向型性格

1. 性格外向的人更容易生存

外向型性格的人，大多表现为活泼、开朗，善于交往、不拘小节；能够迅速和周围的人建立起融洽关系，很快地沟通人际间的感情；善于说服别人接受自己的观点和主张，鼓动别人和自己合作；对周围人们的思想、感情、态度、行为，能很快地了解，并能做出适当的反应。他们留给别人的第一印象就很好，因此，第二次见面时别人总能记住他们并愿意与他们交往。因此，他们拥有大量的朋友。他们态度积极，几乎很少见到他们唉声叹气的时候。即使遇到挫折，他们也总能保持积极上进的态度。

性格外向的人容易适应各种各样的社会群体，正可谓"适者生存"。他们在不同的人际环境中"混"得都很不错。

在生活中，许多人常犯的一个严重错误是：他们认为自己的人际关系已经够好的了，因此就不必费神去进一步发展和同伴的这层关系。其实，他们忽视了及早建立最佳关系的必要性。多数人只有在与某一同伴的关系出现了问题，或有特殊缘故有求于人了，或需要用上对方的帮助时，才会惴惴不安地想到自己的人际关系的质量是否牢固可靠。

到了不得已的时候才开始争取一位伙伴的好感，这实在为时太晚。这就好比你在纵身跃出机舱好一会儿之后，才开始寻找降落伞的使用说明书。一来，你已没有充裕的时间来建立起足够好的关系。亲密、相互信任的良好关系不可能在一夜之间建成。二来，你显然不得不扮演求助者的被动的角色。对方完全有理由得出这样的印象：你的举动完全是一种有目的的权宜之计。对你这番突如其来的殷勤表现，对方心存疑惑，很难领情。第三，要是你以前不曾致力于建立并巩固良好的关系，待到需要时才行动，你必须花费的气力就要多得多。为了取得一定的效果，你必须投入大量的时间和精力。反之，如果你平时就拥有良好的人际关系，取得同样的效果就会易如反掌。最后，如果你在合作开始时就努力使你的同伴对你产生好感，或许问题根本就不会出现了。

许多人在私人交往和工作合作中会不假思索地沿用某种方法、行为方式和言辞，使其成为例行公事。他们过于习惯自己的行为举止了，以至于不再检视、考虑或改善它。他们觉察不到还有哪些改善的可能性。只要他们的举止表现没有给他们带来损害，没有什么"漏子"出现，他们就迷迷糊糊地安于现状。

一般说来，在与人交往的过程中，"该做什么"人人皆知，"怎样做"却少有人知晓。而性格外向的人在与人交往的时候却常常表现得体，左右逢源。

你将来成功的几率取决于你现在的举止表现。所以，应该努力培养开朗的性格，绝不能对你的人际关系的发展掉以轻心。要时常提醒自己，在日常生活中应该和别人发展怎样的关系，并积极地付诸行动。

具有外向型性格的人往往可以通过优良的人际关系、广泛的社会交往获得机遇。如果你帮助过别人，那么你可能培育了机遇；如果你发现某个方向潜藏着机遇，你可以通过关系提前抓到手中……外向型性格是产生机遇的性格，想干什么几乎没有办不到的。在请朋友帮助自己时一定要注意：

（1）对朋友要负责。

（2）不要随便向别人求助。

（3）做事不要逾距，把握好分寸。

外向型性格的人往往太过忙于社交，逐渐变得浅薄、没有深度。他们有一种耍嘴皮子的倾向，说什么问题都跟着侃一通，对于自己不懂的领域、自己没看过的书都敢发议论，常常犯"言多必失"的错误。

外向型性格的人因认识的人太多，往往缺乏真情实感。因为太忙于社交，难免不出现厚此薄彼、冷热不均的现象。有人可能说他势利眼，有人则说他圆滑，而当他穷于应付时，也很难再有什么诚恳可言，别人对他表示反感的话也许会多起来。

因此，切记做人的基本准则，无论你交多少个朋友，待人一定要诚恳；不应过分功利，用着人家时调动浑身所有细胞极尽热情，用不着人家时则冷淡敷衍。人如果丢掉了做人的根本，就会成为一具皮囊，这一点是千万不可忽视的。

2. 极端内向的人影响事业的发展

有一位性格内向的人说："我并不是厌世，但我确实不知道生存于世上的意义。我对人对事都没有特殊的爱恋，我希望可以躲起来不必面对这个世界。我每天早上都赖在床上不肯起来，外面的世界对我来说太难应付了，每天由办公室回到家里的时候，我都有如释重负的感觉。放假的日子，我除非迫不得已，否则一定要留在家里，无论如何也不肯出去。我最怕的是人，我觉得自己什么都比不上别人，所以为了逃避与别人比较高低，我在尽可能范围之内都避免与别人接触。我很怕向别人提出问题，我怕被人骂我笨，所以工作上及生活上有许多事我都一知半解，采取得过且过的态度。可是我又怕别人识穿我的无知，因此我加倍谨慎，避免与人接触。虽然我躲在自己的'一人世界'里觉得很安全，但同时我也觉得孤独。我向往能多几个好朋友，我希望自己不要这么怕与人接触，我希望可以仔细地去了解自己工作及生活的环境，我希望可以真正地享受人生。"

内向者常常是自我封闭的人。这种人总是人为地设置一道藩篱，将自己和外界隔绝开来，他很少或根本不去参加社交活动，除了必要的工作、学习、购物以外，大部分时间将自己关在家里，不与他人发生联系。

自我封闭心理是一个普遍性现象，在每个年龄层次都会产生。儿童有电视幽闭症；青少年有性格羞涩引起的恐人症、社交恐惧心理；中年人有社交厌倦心理；老年人有因子女成家居外和配偶去世而引起的自我封闭心态。

具有这种心理自我封闭者，往往远离人群、耳目闭塞，日久天长，就会孤陋寡闻，对飞速发展的社会缺乏了解，人际关系亦会随之淡漠，自身的价值难以得到社会的承认，且会影响自己的抱负和才华，影响自己的身心健康。我们常常可以看到一些性情孤独者，由于心境不好，情绪苦闷，导致自己过量吸烟酗酒，自暴自弃，乃至成为时代列车上的落伍者。

所以，我们要努力克服嫉妒内向的倾向，学会把自己向交往对象开放。既要了解他人，又要让他人了解自己。在社会交往中确认自己的价值，实现人生的目标，成为生活的强者。如果沉浸在"自我否定""自我封闭"的消极体验中，就会闭目塞听、思维狭窄，阻碍自己去积极行动。

在现实生活中，极端内向的人常会面对许多挫折。于是他们习惯将失败归因于自己，总是自怨自艾。他们十分关注别人的评价，遇事忐忑不安。

其实，完全不必要这样，我们应学会将成功归因于自己，把失败归因于外部因素。不在乎别人说三道四，为人坦率，不妨该说时直言陈词，该行时举步怡然，该笑时仰天长笑，该哭时长歌当哭。绝不忍气吞声，绝不装模作样，绝不藏头露尾，绝不曲意逢迎。说了就说了，不管它闲言碎语；做了便做了，不管他人如何评价。有了这份自然、率性，能不惬意吗？你的心也将从此不再封闭。

3. 外向型的人如何克服说话太多的缺点

在现实生活中我们常常碰到这样的情况：有的人讲话滔滔不绝，在气氛比较沉闷的时候，大家都对他表示欢迎。可这种人一旦话匣子打开，就会毫无节制地一直讲下去，用不了多久，大家就会对他的讲话表示厌烦，对他那刚刚建立起来的好感很快便会被冲淡得无影无踪，如果这种人再不注意自己的讲话，他就有可能得罪许多人。或者，人们由于忍受不了被迫充当听众的滋味，悄悄地自行离开。这类人讲话太多，构成他们性格上的一种缺点，为了克服这种缺点，应该做到以下几点。

（1）少说一半

有些外向型的人对数字毫无概念，如果对他们说"谈话减少百分之二十"，那简直是浪费时间。但他们对"减半"的概念还是明白的，因此对那些讲话无止境的外向型性格的人们的最好建议是：说话减半。控制说话的一个简单方法就是删除另一个还打算讲的故事。你也许会为听众错过了欣赏一个好故事的机会而感到可惜，但他们不会知道他们没有听到的东西，所以你即使不说也没有坏处。让听众欣赏你说的，总比让他们因你独占整个谈话而感到几乎窒息要好，无论你所要说的有多动听。

（2）注意沉闷的信号

性格内向型的人无须被告知什么是"沉闷的信号"，但性格外向而好言的人，往往察觉不到他们的长篇大论是使人厌烦的，所以他们需要明确的提示：当你的听众在人群中左顾右盼，东张西望，或与别人窃窃私语时，这说明他们已经分心了；当他们入厕后一去不返时，你就更应提醒自己了。这些信号其实并不难注意到，如果你知道有这种可能性的话。

（3）压缩你的谈话

"言简意赅"，这是我们在日常生活中经常听到的一个词，也是那些善长于宏篇大论的人需要经常提醒自己的。也许你认为不完完整整地说会失去很多乐趣，

因而你总是很少做简短的发言，而喜欢采用很多的修饰语；也许你还认为自己善于言辞是一种天赋。但是你应该知道，并非所有的人都有时间和兴趣去欣赏你一个人表演的独幕剧。当今世界，时间就是金钱，如果你要求人家花太多时间来听一个华而不实的长篇大论，那简直无异于谋财害命。

中国有这样一个故事：一个大臣给皇帝上了一个非常重要的奏章。为了显示他的文字功底，他的奏章洋洋洒洒一共写了1.7万多字。皇帝看了半天尚不见主题，于是龙颜大怒，下令打了那个大臣40大板。还好，皇帝当天心情较好，且待批的奏章不多，因而还能花时间仔仔细细地把奏章看完。当皇帝看到奏章的主题时，觉得该大臣所言极是，于是大喜，下令赏了那大臣一大笔黄金。要是那位可怜的大臣把奏章的字数压缩到足以表达意思的地步，那他就用不着再受那些皮肉之苦了，而且照样还会得到大笔奖赏。

如果是一般私下的神侃海聊，口若悬河也许尚不伤大雅，如果在国际事务、国家大事上也如此的话，那后果简直不堪设想。我们不妨这样假设一下，假若美国总统在联合国大会上，在规定的3分钟之内没有讲完他所准备的内容而迫于规定半途而废，你想想那该有多尴尬，甚至会让平时趾高气扬惯了的那些美国人好长一段时间感到脸上无光。

（4）切忌言过其实

有些性格外向的人由于讲话太多，有时为了引起别人的注意，往往加进太多的修饰词语，甚至不惜用夸大所讲的事实的手段来博取听众注意，因此常常犯下一些不可饶恕的错误，既害了别人，也苦了自己。

也许你的故事常常都很有趣，但也常常因为言过其实而让人怀疑你所讲故事的真实性。在中国的西汉时期，有人给汉武帝献上一种灵药，称之吃了后能够长生不老。那人的话被东方朔知道了，一下子就判断出那绝对言过其实，为了让执迷的汉武帝醒悟，东方朔就冒着"逆龙鳞"的危险，偷偷地把那灵药给吃光了。汉武帝知道后非常生气，想要杀死东方朔。东方朔就对皇帝说："这药不是吃了能长生不老吗？如果你把我杀了，又怎能证明这药确实具有使人长生不老的功效呢？既然吃了这药能被杀死，也就是说这药不具备长生不老的功效，那陛下又何必计较那么多，非要吃它不可呢？"汉武帝觉得东方朔说得有理，就放了他，从此再也不相信江湖术士有关长生不老的吹嘘。这样看来，如果一个人言过其实，就必然引起人们对他所讲事实的怀疑，长此以往，以致他讲的事实都没人相信了，那不是很可悲吗？

知识链接

汉武帝

汉武帝刘彻（前156—前87），西汉第七位皇帝，伟大的政治家、战略家、诗人。

汉武帝16岁时登基，为巩固中央集权统治，在中央设置中朝；为加强对诸侯王和地方高官的监察，在地方设置十三州部刺史。开创察举制选拔人才。采纳主父偃的建议，颁行推恩令，削减了王族分割势力，并将盐铁和铸币权利收归中央。文化上采用了董仲舒的建议，"罢黜百家，独尊儒术"，结束自先秦以来"师异道，人异论，百家殊方"的局面，以儒家思想作为国家的统治思想则始于此。汉武帝时期攘夷拓土、国威远扬，东并朝鲜、南吞百越、西征大宛、北破匈奴，奠定了汉帝国广阔的疆土，开创了汉武盛世的局面，开辟丝绸之路，在轮台、渠犁设郡屯田。享年70岁，葬于茂陵。

4. 主动交往，摆脱孤独的折磨

性格过分内向的人常常缄默，感到孤独；对人比较冷淡，但重感情；疑心重、有攻击性；对学习比较认真，刻苦；往往僵硬死板，不善交际，缺乏自信。

性格内向、拘泥细节的人，通常做事情会钻牛角尖，因此，具有这种性格的人往往不容易和别人搞好人际关系。

有和谐的人际关系是世界上每一个正常青少年的需要。可是，很多青少年的这个需要都没有得到满足。他们总是慨叹同学之间缺少真情，缺少帮助，缺少爱，那种强烈的孤独感困扰着他们，折磨着他们。其实，很多人之所以缺少朋友，仅仅是因为他们在人际交往中总是采取消极的、被动的退缩方式，总是期待友谊从天而降。这样，使他们虽然生活在一个人来人往的世界里，却仍然无法摆脱心灵上的孤寂。这些人，只做交往的响应者，不做交往的始动者。

要知道，别人是没有理由无缘无故对我们感兴趣的。因此，如果想赢得别人，与别人建立良好的人际关系，摆脱孤独的折磨，就必须主动交往。

心理学家研究发现，有两点原因影响人们不能主动交往，而采取被动退缩的交往方式。

一方面是生怕自己的主动交往不会引起别人的积极响应，从而使自己陷入窘迫、尴尬的境地，进而伤及自己脆弱的自尊心。而实际上，在现实生活中，每一个人都有交往的需要，因此，我们主动而别人不采取响应的情况是极其少见的。试想，如果别人主动对我们打招呼，我们会采取拒绝的态度吗？生活中有一个非常有趣的现象：在硬座火车上，有六个人坐在一个"隔间"里面。如果这六个人里面至少有一个是主动交往的人，那么他们就会谈得热火朝天，一路上充满欢声笑语；如果这六个人没有一个人主动和别人交往，那么，从起点坐到终点，他们则始终处在无聊的气氛中，看书也没劲，对望又很尴尬，所以干脆闭目养神。所以，与其尴尬地面面相觑，还不如主动打招呼，换得一路不寂寞，不是吗？当我们尝试着主动和别人打招呼、攀谈时，我们会发现，人际交往是如此容易。

另一方面，人们心里对主动交往有很多误解。比如，有的人会认为"先同别人打招呼，有失自己的身份"，"我这样麻烦别人，人家肯定会烦的"，"他又不认识我，怎么会帮我的忙呢？"等等。其实，这些都是害人不浅的误解。但是，这些观念却实实在在地起着作用，阻碍了人们在交往中采取主动的方式，从而失去了很多结识别人、发展友谊的机会。

也许，以上这些理由仍然不能说服我们去主动交往，可我们总该相信，实

践是检验真理的唯一标准。不去尝试，永远不会真正有心得。有人说，尝试是成功的先导，这一观点很对。当我们因为某种担心而不敢主动同别人交往时，最好去实践一下，用事实去证明我们的担心是多余的。不断地尝试，会积累我们成功的经验，增强我们的自信心，自然而然地养成主动与人交往的习惯，使我们的人际关系状况越来越好。

5. 战胜羞怯

生活中不少人常为羞怯困扰。这里所指的羞怯，主要是指在社会活动中，特别是在自己不熟悉的环境里和陌生人面前，表现出的紧张、拘束、不自然，也就是我们通常所说的腼腆、怯场。更有甚者，他们连自己有羞怯性格这一点也羞于承认。一项心理调查表明，在性格开朗大方、潇洒自如的美国人中，也有40%的成年人认为自己有害羞的弱点。在日本有羞怯性格的人则更多，约占60%左右。因此，可以这样说，羞怯是一种十分普遍的社会现象。

从心理健康学上看，羞怯者的一些行为表现属于消极性的心理自我防御机制。他们往往使用退缩、回避、离群等方法来减轻由于自己害羞、胆怯而造成的心理紧张和压力。这对他们的工作和社交都是十分不利的。

有这样一个例子来证明羞怯性格的弊端：约翰和鲍伯都是品学兼优的大学生，在学习方面，鲍伯甚至比约翰更胜一筹。但是羞怯性格在他身上表现得太突出了，以致于大胆自信的约翰已经在理想的部门工作了好几个月后，鲍伯的工作还无着落，因为他害怕同雇主见面，即使强迫自己去的一两次，也表现得十分紧张被动，唯唯诺诺，使对方十分怀疑他今后能否自信和主动地工作。羞怯的性格成了鲍伯展示才华和表现自我的障碍。

造成羞怯的原因是多种多样的，而且各人的表现又各有不同。如果我们将有关心理学专家所作的分析归纳起来，可以找出以下这么几条主要因素。

（1）幼时所受教育和文化教养的差异

日本人中之所以有着羞怯性格的人占了半数以上，是因为他们从小就在接受一种"羞耻教育"，许多为了不给自己家族丢脸而制定的清规戒律束缚着他们，因此人们变得谨小慎微。与此相反，以色列的孩子却很少由于失败而遭到大人的指责，而他们的成功又往往受到高度的赞扬，所以，以色列人从小就自信、果敢，富于冒险精神，有羞怯性格的人极少。

（2）过于敏感

一般来说，人在进入青年时期后开始注重自我意识，表现之一就是注重别人对自己的评价，关心"自我"在别人心目中的形象。而过于敏感的人常常担心自己被别人否定，他们老是认为自己的一举一动都像是被放在别人的放大镜下，时时刻刻要接受别人的评判。即使在拥挤的聚会上，他们也会因为自己失足踩了舞伴一脚而脸红耳热，好像大家都在盯着他的双脚看。

（3）个人气质上的原因

过于内向和抑郁气质的人习惯进行内心活动，不擅长表露自己，尤其是在大庭广众之下和陌生环境中，这种现象尤为突出，他们常常因为紧张拘束而显得手足无措。

羞怯性格的人也许在其他任何方面都不存在问题，但在恋爱婚姻方面却经常遇到麻烦。如果他们是男性，则往往不敢主动向女孩示爱，即使女孩主动对他表示好感他也常常不敢接受。因此，羞怯性格的人的婚恋常常需要中间人牵线搭桥。羞怯性格的人纵然有天大的优点，自己却不擅于表达出来，因此，牵线搭桥的人如果不向对方详细地介绍他的情况，那么这桩婚姻十有八九不能成功。除非对方一下子就看上了这个看上去像个"呆木瓜"似的有羞怯性格的人。

曾经在一本女性杂志上看到一篇有关婚恋的文章，写的是那个作者自己和一个羞怯性格者的婚恋经过。他们是经人介绍认识的，男的是个大学讲师，平素埋头学术研究，性格内向，属于典型的抑郁气质。每次到女朋友家是他一生中最难熬的时光。在女友家中，他通常都是正襟危坐，低眉垂眼，紧张得大气都不敢出一口。他找不到话题和女友的父母说话，虽然他能在课堂上口若悬河地讲上半天的专业知识。假若女友的父母不主动找话题和他说，他就只有干坐着。即使人家主动和他拉话，他也像接受审判一样，有问必答，但绝不主动多说一句。对此，

女友父母十分不满。幸亏介绍人热情，在给他们牵线搭桥时仔细地介绍过这位讲师的情况，女友也在几次私下交往时逐渐读懂了他这块"呆木瓜"，因此，在女友的坚持下，这桩婚事才未告吹。

（4）自卑感使然

有自卑感的人经常私下里把自己和别人进行比较，但不是比较双方各有什么优点和缺点，他常常把自己的不足拿去与别人的长处相比，于是很自然地得出"我不如别人"的结论。有这种念头作怪，自然就会对自己缺乏信心，总觉得自己低人一头，故而始终难以建立起自己的精神优势。

假若你不幸也跻身于性格羞怯者之列，并为此而苦恼万分，那么你不妨在上面几个要素中"对号入座"，找出你自己之所以羞怯的原因，然后"对症下药"，采取积极的补偿方法，有重点、有针对性地克服那些弱点。心理学家们在为羞怯性格找出了许多成因后，又为战胜这一性格缺点提出了以下几条行之有效的方法。

（1）转移中心法

在生活中仔细观察一下人们通常对哪些事情感兴趣，然后找出你周围最能吸引别人的东西。当你老是为自己的行动畏手畏脚的时候，请想一想，人们是不是对你的行动最感兴趣？如果不是，那你就可以放心地去做自己的事，因为别人并没有把眼光放在你做的这件事情上。你应该全神贯注地去做你的事情，待达到物我两忘的境地后，你就会抛弃那些别人一定在注意自己，并且随时准备耻笑自己的想法。

你不妨向爱因斯坦学一学，根据有关专家对爱因斯坦的性格所作的分析，他也是属于有羞怯性格的人，但他却经常地把注意力放到他所想的事情上，而忽略了其他可能让他感到不安的因素。有这样一则关于爱因斯坦的笑话：爱因斯坦初到纽约时，衣着很破烂，有朋友劝他换件好的。但他说："不要紧。反正全纽约的人都不认识我。"后来，爱因斯坦出名了，可当他那位朋友再见到他时，他还是穿着那件破衣服，于是朋友又劝他买件新的。"没关系，反正全纽约的人都认识我了，"爱因斯坦回答说。这里，爱因斯坦就有效地运用了转移中心法，对于一个不出名的人，在纽约那样的地方，谁也不会来关心你衣着到底如何；而对于一个非常出名的人物，人家看重的是他的成就，绝不是他的衣服。因此，爱因斯坦对其衣着的破旧十分坦然，正因为如此，他才能够全身心地投入到自己的事业中去，不为外界所扰，最终成就斐然。

（2）多向交流法

多结交些开朗外向的朋友，并同他们保持密切的往来，除了经常鼓动自己随他们踏进社交界外，还可以有意识地模仿他们泰然自若的待人接物的风度举止，并对照自己的弱点加以克服。

（3）正确估己法

在进行自我评价时，首先要看到自己的优点，并尽量多列举自己的优点。即使自己在某些方面的缺点多于优点，在进行自我评价时，也要想尽一切办法使列举的优点多于缺点。尤其不要因为自己有个别的或次要的不足而对自己加以全盘否定。

在正确评价自我的时候，可以把自己和别人进行比较，即使你的优点不如别人，但你在罗列他的缺点时应尽量比你的缺点数目多。这不是自欺欺人，这实际上是一种良好的克服羞怯的方法，把别人想象得越糟糕，你的自信就越容易建立起来，羞怯性格就能越早得到克服。

（4）反向训练法

强迫自己朝最使自己胆怯的地方迎上去。假若你害怕在众人面前发言，那么无论如何你都不要逃避这种发言的机会，而且要积极地争取。当然，在这之前你可以先将要说的要点写下来，然后再发言，逐渐过渡到只打腹稿。经常这样训练，用不了多久，你也一样可以潇洒自如地在众人面前讲话。假如你羞于见到陌生人，你就强迫自己去和陌生人打交道。你可以这样想：不论我在陌生人面前表现如何，只要自己能表现得好，则可以多一个朋友，如果表现得差，反正他又不认得我。所以，你见到陌生人时，一定要大胆主动地和他搭话，即使你找不到其他话题，你至少可以和陌生人打个招呼，问声"您好！"说不定对方就因为你这个表现而

和你攀谈起来。久而久之，你就可以从对方那里学到怎样和陌生人找话题打交道的方法，因为在能找到话题和你谈话的那个人的眼里，你对于他同样是陌生人。

（5）自律性训练法

当临场紧张不安时，你必须控制紧张情绪的外露。你不妨在心里这样告诉自己："不要害怕，没什么可怕的。""不要紧张，紧张也无济于事。"自律性的安慰方法一般可以达到消除压力，放松心情的效果。假若你要和一个有地位的人谈话，你不妨这样告诉自己："××（指职务）算什么，即使是总统来了，我也照样不怕。说白了，不都是个人吗？"假若你要在一个大众场合发表演说，你不妨这样告诉自己："我怕什么，怕的应该是他们。因为我不论讲多久，他们就只能听着，谁如果要表示反感，这只能说明他无教养。"假若你要和女友约会，你不妨这样告诉自己："怕什么，说不定她将来就是自己的老婆。自己的老婆有什么好怕的。"

就像许多人已经看到的那样，羞怯并非一无是处。羞怯性格的人往往会专心地聆听别人的讲话，显得谦逊而有涵养，这些地方倒是讨人喜欢、受人赞赏的。不过，羞怯也常常会误事，而且，超过 75% 的人都肯定地认为怕羞是一种当然的性格缺点。但这也没什么可怕的。记住，只要能有意识地加以克服并且运用的方法得当，羞怯是可以战胜。许多著名人物，如美国前总统卡特及其夫人、英国的查尔斯王子、电影明星凯瑟林·丹纽佛、著名运动员弗兰特·林恩等都曾是胆怯害羞的人。他们的成就和表现难道还不足以帮助我们对战胜自己的羞怯树立信心吗？

知识链接

爱因斯坦

阿尔伯特·爱因斯坦（1879—1955），出生于德国符腾堡王国乌尔姆市，毕业于苏黎世大学，犹太裔物理学家。享年76岁。

爱因斯坦1879年出生于德国乌尔姆市的一个犹太人家庭，1900年毕业于苏黎世联邦理工学院，入瑞士国籍。1905年，获苏黎世大学哲学博士学位。

爱因斯坦提出光子假设，成功解释了光电效应，因此获得1921年诺贝尔物理学奖；同年，创立了狭义相对论。1915年，创立了广义相对论。

爱因斯坦为核能开发奠定了深刻的理论基础，开创了现代科学技术新纪元，被公认为是继伽利略、牛顿以来世界最伟大的物理学家。1999年12月26日，爱因斯坦被美国《时代周刊》评选为"世纪伟人"。

6. 如何避免成为性格过于内向的人

内向的人不善于人际交往，他们对人不热情，别人也就会对他们冷淡，久而久之就会疏远他们，这往往会影响到他们的工作、生活和学习，甚至影响到心理健康。为了避免因性格过于内向而影响自己的发展，需要从如下几个方面努力。

（1）要改变过于内向的性格特征，首先要有自信心

既然人的性格是在生活实践的过程中逐渐形成的，那么也同样可以改变。所谓"江山易改，本性难移"，是没有科学根据的。

（2）培养广泛的兴趣爱好

广泛的兴趣会使人将心理活动倾注于活动之中，而减轻对自我的过分关注；会使人的不良情绪在兴趣活动中得到很好的宣泄与转移；会把具有共同兴趣的人

联系起来，从而使与人际交往的融洽程度得到提高。

（3）积极参加集体活动和社交活动

要改变原有过分刻板、单一的生活方式，广泛结交朋友，尤其应多接触那些心胸开阔、性格开朗的人。通过积极主动的交往活动，不仅可获得归属需要的满足，而且还会通过潜移默化的作用，逐渐形成开朗、幽默、直爽的外向性格特征。多接触人，多与人交往，这十分有利于性格的外向发展。人只有融入大集体中，才会获得知己，才会心情舒畅，也会学得很多有用的东西，懂得很多人生的道理。

（4）与人交往，求同存异，善于宽容

与人交往，总希望关系能融洽。由于人的个性不同，生活背景不同，物质基础、文化修养不同，因此，人与人之间难免会意见不统一，有时甚至会产生矛盾。因此，与人交往，要求同存异，大度宽容。要善于改变自己的处世态度和行为方式，尽量避免给人一种孤芳自赏、自诩清高的傲慢印象。这样，别人亦容易接受你，愿意与你交往，这对自己的性格外向发展是很有好处的。

（5）不要过分注意别人对自己的评价

不少人害羞、怕与人交往、畏惧参加集体活动，其内心活动就是怕自己做不好，怕别人笑话，因而以"回避"与人交往的方式来保护自己的"自尊"。实际上，人无完人，即使同一件事，不同的人也会有不同的看法。所以，从伟人到平民，

每一个人都会受到别人或好或坏、或褒或贬的评价，而且，多数情况下，人们喜欢评价别人的不足之处，也由此，不少人就被别人的口水"活活淹死了"。因此，对别人的评价自己要有主见，既不为别人的赞扬而过分欢喜，也不为别人的贬低而焦躁不安，甚至心灰意懒，而要做到"有则改之，无则加勉"，坦然处之。

（6）要学会表达自己思想感情的方式

不要遇事总闷闷不乐，将所有心思封闭在"自我"之中。在人际交往中，如果你沉默不语、郁郁寡欢，别人就不愿接近你，因为别人可能以为你需要安静，谁愿冒扰乱别人的宁静之嫌而惹人厌恶呢？

（7）要尊重和信任他人

在交往中，只有尊重和信任他人的人，才能赢得别人的尊重和信任，成为受欢迎的人。反之，骄傲自大，目中无人，或对人疑心重重、左右不放心的人，是无法与人处好关系的。要做到这点，最容易的方法是学会当"忠实的听众"，因为认真聆听别人讲话，是对别人最起码的尊重，能耐心地听人说话的人，也往往是个受欢迎的人。

（8）要体会和观察别人的需要

由于动机的不同和兴趣爱好的差异，你喜欢的别人可能厌恶，你厌恶的别人却偏喜欢。因此，在人际交往中，若能多站到对方的位置上，设身处地替别

人想想，将心比心，可使人减少许多误会和不愉快的冲突。例如，当你发现别人嫉妒你时，你一定很反感。但是你可以想一想，假如别人超过了你，你是不是也会嫉妒别人？想起这些，理解之心恐怕就会油然而生，不快之感亦会烟消云散，甚至还会因此激起你的自豪感，增强自尊心与自信心。

（9）要乐于助人

乐于助人不仅是人的一种美德，而且对自己的个性发展是很有帮助的。人是需要温暖、需要帮助的，主动去帮助别人，乐意去帮助别人，别人也会同样以回报。这样，良好的人际关系就容易建立，你会为此而高兴、喜悦，性格亦会越来越开朗，越来越外向。

知识链接

李时珍

李时珍（1518—1593），字东璧，晚年自号濒湖山人，湖北蕲春县蕲州镇东长街之瓦屑坝（今博士街）人，明代著名医药学家。后为楚王府奉祠正、皇家太医院判，去世后朝廷敕封为"文林郎"。

李时珍"考古证今、穷究事理"，披肝沥胆，呕心沥血，于明万历十八年（1590年）完成了192万字的医学巨著《本草纲目》。此外，对脉学及奇经八脉也有研究。著述有《奇经八脉考》《濒湖脉学》等多种。

1982年，其墓地李时珍陵园被国务院列为第二批"全国重点文物保护单位"。

第四章
培养谦虚
谨慎的性格

1. 谦虚谨慎：人生第一美德

青少年一定要养成谦虚谨慎的习惯。谦虚谨慎是每个社会人必备的品格。具有这种品格的人，在待人接物时能温和有礼、平易近人、尊重他人，善于倾听别人的意见和建议；能虚心求教，取长补短；对待自己有自知之明，在成绩面前不居功自傲；在缺点和错误面前不文过饰非，能主动采取措施进行改正。

谦虚谨慎永远是一个人建功立业的前提和基础。我国古代学者即精辟地指出："满招损，谦受益。""人之不幸，莫过于自足。""人之持身立事，常成于慎，而败于纵。"

李时珍因为《本草纲目》而流芳后世。然而，《本草纲目》所以能写得如此有价值，却与李时珍的谦虚不无关系。李时珍为了弄清一些药物的作用及生长情况，他除了亲自品尝，走遍许许多多山川外，还虚心地向各地的药农请教。也许，如果李时珍当时不去向药农请教，《本草纲目》的成就和价值就不会有今天这么大。

一个人不论从事何种职业，担任什么职务，只有谦虚谨慎，才能保持不断进取的精神，才能增长更多的知识和才干。因为谦虚谨慎的品格能够帮助我们看到自己的差距。永不自满，不断前进可以使人能冷静地倾听他人的意见和批评，谨慎从事。否则，骄傲自大，满足现状，停步不前，主观武断，轻者使工作受到损失，重者会使事业半途而废。

具有谦虚谨慎品格的人，不喜欢装模作样、摆架子、盛气凌人。他们能够虚心向群众学习，了解群众的情况。美国第三届总统托马斯·杰弗逊提出："每个人都是你的老师。"杰弗逊出身贵族，他的父亲曾经是军中的上将，母亲是名门之后。当时的贵族除了发号施令以外，很少与平民百姓交往，他们也看不起平民百姓。然而，杰弗逊没有秉承贵族阶层的恶习，而是主动与各阶层人士交往。他的朋友中当然不乏社会名流，但更多的是普通的园丁、仆人、农民或者是贫穷的工人。他善于向各种人学习，懂得每个人都有自己的长处。有一次，他对法国伟人拉法叶特说："你必须像我一样到民众家去走一走，看一看他们的菜碗，尝一尝他们吃的面包。如果你这样做了的话，你就会了解到民众不满的原因，并会懂得正在酝酿的法国革命的意义了。"由于他作风扎实，深入实际，所以，他虽高居总统宝座，却很清楚民众究竟在想什么，他们到底需要什么。

谦虚谨慎的品格，还能使一个人面对成功、荣誉时不骄傲，把它视为一种激励自己继续前进的力量，而不会陷在荣誉和成功的喜悦中不能自拔，把荣誉当成包袱背起来，沾沾自喜于一时之功，不再进取。居里夫人以她谦虚谨慎的品格和卓越的成就获得了世人的称赞，她对荣誉的特殊见解，使很多喜欢居功自傲、浅尝辄止的人汗颜不已。居里夫人的一个女朋友到她家里去做客，忽然发现她的小女儿正在玩英国皇家协会刚刚颁给她的一枚金质奖章。朋友不禁大吃一惊，忙问居里夫人："能够得到一枚英国皇家协会的奖章，这是极高的荣誉，你怎么能给孩子玩呢？"居里夫人笑了笑，说："我是想让孩子们从小就知道，荣誉就像玩具，只能玩玩而已，绝不能永远守着它，否则就将一事无成。"她自己正是这样做的。也正因为她的高尚品格的影响，后来她的女儿和女婿也踏上了科学研究之路，并再次获得了诺贝尔奖，成为令人敬仰的两代人三次获诺贝尔奖的家庭。

总之，大凡有成就的人，都把谦虚谨慎当作人生的第一美德来刻苦培养。陈毅元帅在新中国成立后总结自己的革命生涯时，以诗的形式总结道："九牛一毛莫自夸，骄傲自满必翻车。历览古今多少事，成由勤俭败由奢。"既鞭策自己，又警示后人。青少年一定要有意识地培养谦虚谨慎的习惯。

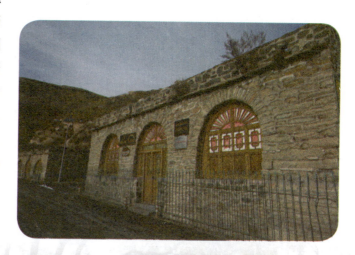

2. 刚愎与冲动：愚蠢的明证

在日常生活中，有太多的人想要迫使别人接受自己的意见，因为我们总认为自己是对的。这种想法，使我们没有改进自己的余地，也在通往成功的路径上设下了障碍。想象一下，十个当代最有名望的画家齐聚一堂，围绕着一张圆桌团团而坐，一起对摆在圆桌当中的一个苹果进行素描。每一个人画出来的苹果都不会一样，因为每一个人看到的角度都不相同。

"意见"也有同样的道理。信念的异同，取决于身世与环境的各种因素，我们就是靠这些因素来决定我们的意见。固执己见的悲剧，在于它阻止了成长、进步和充实自己。它使我们自认为十全十美；但事实上，世界上没有人永远十全十美。固执己见者为了防卫自己的弱点，必然被孤立，这已是不争的结论。

如何才能避免固执己见？只要我们养成了谦虚谨慎的习惯，肯听听别人的想法，完全可以做到。我们的意见可能是错的，我们应该有"闻过则改"的雅量。

固执己见是一种消极的癖性，心胸开阔才是应有的态度。前者会导致失败与孤立，后者则是获得成功与友谊的保证。

只要我们肯向别人伸出友谊的手，肯学习别人的长处，了解别人和我们一样有获得成功的权利，我们就不会再坚持己见了。我们内心的成功元素会再度展开活动；而内心的失败元素自然就会偃旗息鼓了。

请记住19世纪美国诗人罗威尔的话："只有蠢人和死人，永不改变他们的意见。"

严重的固执己见容易导致刚愎自用。

生命的意义，就是改变。我们每天的想法都会改变，道理很简单，因为我们每天都不一样，而且每天的情况也不同。生命就是这个样子。自然界也因四季的变换而依序进展。想象一下，如果一棵树在春天时倔强地拒绝抽发新芽，如果一朵花倔强地拒绝开放，如果一棵蔬菜或一粒果实倔强地拒绝生长或成熟，世界会变成什么样子？

我们是否刚愎自用？是否拒绝身体的改变与成长？是否抗拒创造性的生活？是否抗拒微笑、友谊、宽恕和四海之内皆兄弟的观念？

16世纪的法国散文家孟达尼曾说："刚愎与冲动，就是愚蠢的明证。"

要想从有限的生命中求取更多的生活，从小就必须开始革除消极感。这种感觉，是培育顽固、刚愎、忌妒与惰性的温床；这些习性能使我们丧失抵抗力，而萎缩成微小的细菌。我们是一枚微小的细菌，还是一个完整的人？答案在于自己内心。只要我们能宽恕自己、关爱自己，我们就能克服刚愎自用的心理，逐渐养成谦虚谨慎的习惯。

3. 决不能陷于骄傲的泥沼中

巴甫洛夫说："决不要陷于骄傲。因为一骄傲，你们就会在应该妥协的场合固执起来；因为一骄傲，你们就会拒绝别人的忠告和友谊的帮助；因为一骄傲，你们就会丧失客观方面的准绳。"所以，父母如果发现了孩子骄傲的情绪，一定要尽快地加以纠正。

爱因斯坦是20世纪世界上最伟大的科学家之一，他的相对论以及他在物理学界其他方面的研究成果，留给我们的是一笔取之不尽、用之不竭的财富。然而，就是他这样一个人，还是在有生之年中不断地学习、研究，活到老、学到老。

有人问爱因斯坦："您老可谓在物理学界空前绝后了，何必还要孜孜不倦地学习呢？何不舒舒服服地休息呢？"爱因斯坦并没有立即回答他这个问题，而是找来一支笔、一张纸，在纸上画上一个大圆和一个小圆，对那位年轻人说："在目前情况下，在物理学这个领域里可能我是比你懂得略多一些。正如你所知的是这个小圆，我所知的是这个大圆。然而整个物理学知识是无边无际的。对于小圆，它的周长小，即与未知领域的接触面小，它感受到自己未知的少，而大圆与外界接触的这一周长更大，所以更感到自己未知的东西多，会更加努力地去探索。"

1929 年 3 月 14 日是爱因斯坦 50 岁生日，全世界的报纸都发表了关于爱因斯坦的文章。在柏林的爱因斯坦住所中，装满了好几篮子世界各地寄来的祝寿的信件。然而，此时的爱因斯坦却不在自己的住所里，他在几天前就到郊外的一个花匠的农舍里躲了起来。

爱因斯坦 9 岁的儿子问他："爸爸，您为什么那样有名呢？"

爱因斯坦听了哈哈大笑，他对儿子说："你看，瞎甲虫在球面上爬行的时候，它并不知道它走的路是弯曲的。我呢，正相反，有幸觉察到了这一点。"

爱因斯坦就是这样一个谦虚的人，名声越大，他就越谦虚。

事实上也是如此，没有一个人能够有骄傲的资本，因为任何一个人，即使他在某一方面的造诣很深，也不能够说他已经彻底精通，彻底研究全了。"生命有限，知识无穷"，任何一门学问都是无穷无尽的海洋，都是无边无际的天空，所以，谁也不能够认为自己已经达到了最高境界而停步不前、趾高气扬。

实际上，使一个人产生骄傲的真正原因并非饱学，而是因为他的无知。同样，一个人会谦虚也不是因为他差得很远，恰恰相反，他甚至会超越那些自以为是的人。谦虚与骄傲的原因在于一个人的总体修养如何，而不在于是否多读了几本书或是多做了几件事。在现在的社会家庭环境中，一些独生子女往往不能正确对待荣誉与成绩，他们之中有的会因为骄傲自大而看不起同学，有的会因为自己成绩拔尖而逞能，有的会产生盲目自满的情绪，有的会因一点儿进步而沾沾自喜，甚至有的会把集体的成绩看成个人的。这些表现将使他们不再进步甚至会脱离同学、脱离集体，进而失去目标，成为一个后进者。

要让孩子不骄不躁，谦虚待人处事，就要注意以下几点。

（1）要让孩子认识骄傲的危害

盲目骄傲自大的人就像井底之蛙，视野狭窄，自以为是，严重阻碍了自己继续前进的步伐。此时，我们先要让孩子分清楚自信和骄傲的区别。

自信是一种积极的人生态度，它能使人乐观上进。而骄傲是对自己的不全面认识，是盲目乐观，常会让人不思进取。对于父母来说，应该培养孩子的自信心，但不能让他们滋长骄傲自满的情绪。形式上两者有很大的相似性，常会让人迷惑，孩子们常会把自己那点小得意看做是自信的表现，这时父母应该帮助孩子分辨出两者的区别。

家长应该让孩子认识到骄傲是健康成长的绊脚石，任何成绩的取得只能是阶段性的、局部的，只能作为一个起点。在学习上，知识是无边的海洋，如果一时一事领先就忘乎所以，恰恰是知识不够、眼界不宽的表现。"满招损，谦受益"，家长应有意识地给孩子介绍一些成功者的经验，告诉他们古今中外凡是有所作为的人都是在取得成绩后仍能保持谦虚奋进的人。

（2）帮助孩子全面认识自己

孩子产生骄傲情绪往往源于自己某方面的特长和优势，父母应该先分析这种骄傲的基础，是学习成绩比较好、有某方面的艺术潜质，还是有其他某个方面的天赋。然后应让孩子认识到，他身上的这种优势只不过限定在一个很小的范围内，放在一个更大范围就会失去这种优势。正确的态度应该是积极进取，而不是骄傲懈怠，并且优势往往是和不足并存的，同时应该努力弥补自己的不足。

父母要教育孩子，取得了一定的成绩，这确实是自己努力的结果，但是不要忘记这里也包含着家长的培养、老师的教诲和同学的帮助。

另外，不正确的比较往往也容易滋长骄傲情绪。在班集体中，若以己之长与别人之短相比较，这样比较的结果，自然容易沾沾自喜，自以为什么地方都比别人强，因而看不起别人。父母应该开阔孩子的胸怀，引导他们走出自我的狭小圈子，带他们到更广阔的地方走走，陶冶他们的情操，让他们了解更多的历史名人的成就和才能，以丰富的知识充实头脑，使之变骄傲为动力。

（3）不要轻易地表扬孩子

许多人都看过《卡尔·威特的教育》这本名著，这本书写于1818年，是世界上论述早期教育的最早文献之一。

卡尔·威特在生下来时是一个智障儿，但他的父亲老威特运用一种与众不同的教育方法，使小威特8岁时，就已经掌握德语、法语、意大利语、拉丁语和希腊语等多种语言。同时，小威特还通晓动物学、植物学、物理学、化学，尤其擅长数学。小威特在9岁时就考上哥廷根大学。当他未满14岁时，就被授予哲学博士学位。16岁时他又获得法学博士学位，并被任命为柏林大学的法学教授。

对于这样一位才华出众的天才，父亲老威特非常注意培养孩子谦虚的习惯，他禁止任何人表扬他的儿子，生怕孩子滋长骄傲自满情绪，从而毁了他的一生。

在《卡尔·威特的教育》一书中，老威特这样写道：

"有一次，有个地方的督学官到哥廷根的亲戚家串门。

"他在来哥廷根之前，就已经从报上和人们的传说中知道了我儿子的事。到了亲戚家后知道得就更详细了，因为他的亲戚与我们来往密切，非常了解我儿子的情况。他想考考我的儿子，为了得到这一机会，就拜托他的亲戚请我们父子去。

"我接受了邀请，带着儿子去了。他向我提出要考考我儿子的要求。按照惯例，我也要求他答应我的条件，即"不管考得怎样，绝不要表扬我儿子"。因为听说儿子擅长数学，所以他提出主要想考考数学。我回答说：'只要不表扬，考什么都没有关系。'商量妥当后，我就把特意打发出去的儿子叫进来，考试就开始了。他先从世故人情考起，然后进入学问领域。威特对每个问题的回答都使他感到十分满意。最后开始了他所擅长的数学考试。由于我儿子也擅长数学，所以越考越使他感到惊异。每一题我儿子都能用两三种解法去完成，也能按他的要求

去解题。这样他就不由自主地赞扬威特了。我赶紧给他递眼色，他这才住了口。

"由于他们二人都擅长数学，考着考着就进入了学问的深层领域，并最终发展到督学官也不知的地方。这时，他不由自主地叫了起来：'唉呀！真是超过了我的学者！'

"我想这下坏了，立即泼冷水：'哪里哪里，由于这半年儿子在学校里听数学课，所以还记得。'督学官还不死心，又出了一道更难的题对我儿子说：'你再来看看这道题，这道题欧拉先生考虑了三天才好不容易做出来。如果你能做出来，那就更了不起了。'

"听了这话我担心起来。我并不是怕儿子做不了那么难的题，而是担心如果儿子真的把那道题做了出来，会由此骄傲起来。但我又不好说'请不要做那道题了'。因为他不太了解我们，怕引起他的误会，以为我害怕儿子做不出那道题才这样说的。我只好故作镇静地看着。那道题是一个农夫想把一块地分给三个儿子。分法是要把地分成三等份，而且每个部分要整块地形相似。他把问题说明后，就问我儿子有没有听说过，或者是在书上看到过这个题，儿子说没有。他说：'那么给你时间，你做做看。'说完就拉着我的手退到房间的里面，对我说：'你儿子再聪明，那道题也很难做出来，我是为让你儿子知道世界上还有这样的难题才出的。'

65

"可是，督学官的话音刚落，就听儿子喊道：'做出来了。'

"'不可能。'督学官说着就走了过去。儿子向他解释说：'三个部分是相等的，而且各个部分都与整块地相似，对吗？'

"这时督学官有些不高兴地说：'你事先知道这道题吧。'儿子一听就感到很委屈，含着眼泪反复声明说：'不知道，不知道。'

"看到这种情形，我再也不能沉默了，担保说：'因为儿子做的事，我全都清楚。这个问题的确是第一次遇到，更何况儿子是从不说谎的。'这时督学官说：'那么你的儿子胜过欧拉这个大数学家了。'我掐了一下他的手，立即说：'瞎鸟有时也能捡到豆，这也是偶然的。'

"督学官这才领会到我的意图，点着头说：'是的，是的。'然后就附耳小声对我说：'唉呀！我真佩服你的教育法。这样的教育，不管你儿子有多大的学问也绝不会骄傲。'儿子也很快同其他人高兴地谈起别的事，这一切使督学官十分喜欢。"

老威特非常了解孩子的心理，自己的孩子实在太优秀了，太优秀的孩子往往经不起表扬，表扬过多往往会导致孩子骄傲自满心理的产生。因此，他在生活中有意识地避免表扬孩子。父母应该注意，表扬孩子本身没有错，但是，千万不要一味表扬，而且，表扬孩子的时候要注重表扬孩子的某种行为，不要表扬孩子本身，这也是表扬的一个技巧。

4. 正确认识谦虚

古语曰："满招损，谦受益。"

古今中外的许多伟大人物和革命领袖都谈到谦虚问题，把谦虚作为一个十分重要的问题来看待。

我们为什么要谦虚，谦虚包括一些什么重要的内容，我们又应当怎样正确地来认识谦虚这个问题呢？

首先，谦虚是雄心大志的表现。一个怀抱雄心大志的人，应当是个谦虚的人。正因为他怀抱雄心大志，站得很高，看得很远，因此，他能从整个历史的长河中，从整个伟大的革命事业中来恰如其分地估计当前既有的成就，来衡量自己的工作。

物理学家、数学家、天文学家牛顿有一句名言："我不知道人家怎样看我，但是在我自己看来，我就像一个在海滩上的小孩子，偶尔拾到一片较为光滑的圆石，而真理的大海我并未发现。"

我们一定要懂得这样一个平凡的真理，任何已有的伟大的成就和业绩，和未来的事业比较起来，终究还是小的，我们决不要陶醉于已有的胜利和成就之中，而要永远面向着未来，对既有的胜利和成就抱着谦虚的态度。

胜利和成就，这本来是好事，是值得欢欣和庆祝的事。但我们应当清醒地看到，在胜利的激流中，许多时候都暗藏着一堆骄傲的暗礁，如果不警惕，它往往就会把前进的船只撞碎。胜利者的谦虚，取得伟大成就后的谦虚，这是最大的英明，也是我们从一个胜利走向另一个胜利和立于不败之地的重要保证。我们要有以天下为己任的雄心壮志，又要有虚怀若谷的谦虚的态度。雄心壮志和谦虚是对立的统一体，二者缺一不可。脱离谦虚的雄心壮志，到头来只能是壮志难酬；没有雄心壮志的谦虚，那也不过是一种"心虚"和妄自菲薄罢了。

敢想、敢说、敢干而不谦虚，不虚心听取别人的意见，就很容易胡想、乱说、蛮干；为了表示自己谦虚，什么意见都不发表，对错误意见也不表示自己的态度，这也不能说是谦虚。有人说，谦虚貌似自卑，是妄自菲薄。这是不正确的，一个真正懂得谦虚的人，必然是满怀雄心壮志的人，是一个大有作为的人，他看到了未来，看见了前面的伟大而艰巨的任务。

谦虚是正确地认识客观世界的反映，是一种伟大的好学精神。宇宙是无边无际的，事物的发展是无穷无尽的，人生天地间，对客观世界万事万物的认识也是无边无底的。在认识客观世界上、在学习上保持谦虚的态度，是非常必要的。

在认识客观世界上，在学习上，有三种不谦虚的错误态度。第一种是不懂装懂，虽不知以为知，明知错了还不承认，找歪理。正确的态度应当是"知之为知之，不知为不知"，不知道的事就老老实实地说自己不知道，抱着一种谦虚的态度，向别人学习、请教。有人怕说不懂自己面子不好看，其实，不懂装懂那才真是面子不好看；抱着谦虚的态度，不知道就说自己不知道，不知道就虚心向别人请教，这是一种实事求是的马克思列宁主义的态度，这种谦虚的态度才真正有面子。我们不要不懂装懂的假面子，而要实事求是的真面子。

第二种态度是一知半解，夸夸其谈。这同样不是谦虚的态度。人在认识事物的过程中，有时往往会经过一知半解的模糊的阶段达到比较正确的认识，对于一知半解本身是无可厚非的，问题在于对它采取什么态度。如果是采取谦虚的态度，虚心学习，那我们就会从一知半解达到正确的认识；如果不谦虚，满足于一知半解，以为自己什么都知道了，那就是自己哄骗自己。这种满足于一知半解的自以为是的态度甚至比无知还要有害。如果是无知，还会急于老老实实地去学习，而满足于一知半解，似知非知，以致把一知半解的东西当做正确的成熟的东西来运用，那反而会把事情办坏。

第三种情况是，认为自己懂了，满足了，便在学习上停下步来。这一点同样是非常错误的。在认识客观世界上，在学习上，是永无止境的，越是深入地学进去，就越深深地看到了无比广阔、无比奇丽的知识世界，也越感到自己知道的东西太少，越要努力学。因此，谦虚正是这种深入知识宝山后的渴望学习的一种反映。越是真正有学问的人，越是谦虚，而一切高傲自满，正是无知和少知的表现。我们在校学习的青年朋友，正处于在文化知识上打基础的时期，有些人学习成绩很好，但千万不可骄傲。骄傲了就要落后，就要脱离周围的同学。只有虚心向学，才是我们应当采取的态度。

　　谦虚，不但反映在我们的日常生活、工作和学习上，也可以反映到社会生活的各个方面。在日常的待人接物中，谦虚是很重要的，如果把谦虚的问题仅仅局限在学习这个范围内，这是不全面的。一个人的谦虚或者不谦虚，是会在人的生活的各个领域中反映出来的。一个不谦虚的人、骄傲自大的人，固然在学习上不能学得多少真正的知识，在日常生活中不能吸收别人的有益的意见，而且自然而然地，在工作中就不会眼睛向下，认真地进行调查研究，虚心地听取别人的意见，这样的人，要做好工作自然也是不可能的。

　　因此，有关谦虚或者骄傲的问题，我们千万不要当作小事来看待它，而要认真对待，从青少年时代起就在基本的思想修养上下功夫。

5. 如何克服以自我为中心的缺点

　　在现实生活中，有些人对自己不感兴趣的话题不谈，对自己无利可图的事不干，别人的事不管，别人的需要不顾……究其根源，这是一种极端自私自利，极端个人主义的表现。如何克服这个缺点呢？

　　（1）要关注他人的兴趣

　　有些人从不关注他人，因为他们只看重自己。他们对自己的故事津津乐道，但却往往没留意到他人注意力的变化。他们可能对别人不感兴趣的东西大谈而特谈，而很少注意其他人的需要，因为他们与生俱来有一种逃避问题及避开不利处境的趋向。这种类型的人既不可能是一个好上司，也不可能是一个好同事，因为他们只说不听，他们往往只会给出那些简单快捷却又未必适用的答案。

　　关注他人可以从听和看做起，你可以有意识地训练自己静静地听别人的发言，直到你确信你已掌握了谈话的内容才加入谈话，而不要急着向大家讲述你最近的故事。你应该努力把别人看作一个和你一样有说话权利的平等的个体，而不仅仅是一个听众。

当你开始关注别人时，你就会发现你以前忽略了许多受到伤害的人：许多孤独的、破碎的心需要修补，许多心力交瘁的人需要安慰。

从现在开始，你应该对别人多看多听，将他们每个人都看成是与众不同的独一无二的个体，承认他们拥有和你一样言行的权利，这样，你就会变得更关注别人。

（2）尽力满足他人的需求

许多人在日常生活中常常只看到自己的需要，因而他们的目光常常停留在如何满足自己的需求上。别人的需求，往往不入他们的"法眼"。这类人最大的悲哀在于因极端的自私给自己带来无穷的麻烦。有一则笑话，讲在一架出现事故的飞机上一共有5个人，而只有4副降落伞。飞行员说："我得下去看看故障出在什么地方。"于是他背了一个降落伞包跳下了飞机。牧师则说："下面有许多人的灵魂需要我去拯救。"于是他也背了一个伞包跳了下去。这时一个自作聪明的人说："下面正开聪明人大会，我不去就将少一个世界上最聪明的人参加。"说完也自顾抱了一个伞包跳了下去。这时将要坠落的飞机上还剩下一个年迈的商人和一个年轻的登山运动员。老人对年轻人说："我老了，没什么可干的了，而你还年轻，这世上还有很多事等你去干呢，你下去吧！"登山运动员听后十分感动，他不慌不忙地对老人说："咱们还是一起走吧，说不定降落时我能帮你点什么忙。至于降落伞的问题，您不用担心，刚才那个'聪明人'背了我的登山包跳了下去。"后来，年轻人和老人一起跳下飞机，安全着陆。而那个所谓的"聪明人"将遇到什么样的后果，显然是不言而喻的。凡是以自我为中心的人，迟早会有遭到报应的时候，只是迟和早的问题。

（3）学会聆听

有些人不去聆听并不是因为他们有什么先天性的问题，而是因为他们只关心自己。其实，仔细聆听是很优雅的行动，但他们却因为没有足够的关注他人之心而无法对别人感兴趣。他们认为生活就像剧院，他们就站在舞台上，而别人只是观众。虽然他们最大的长处是将表演的角色发挥得淋漓尽致，可一旦他们发觉别人都在注视自己时，就会变得自高自大，以自我为中心。久而久之，人们同样不会买他们的账，他们给人们的印象也将大打折扣，因为一度曾作为他们的观众的人们也有表现自己的欲望，他们也想说出自己想说的，做自己想做的。因此，如果你能适当地去听别人说，看别人演，你就会获得更多的观众，获得更大的支持。

6. 如何培养谦虚谨慎的性格

　　人们在谈论谦虚和骄傲的时候，总是和成败联系在一起。甚至有人指出：世界上没有独立存在的谦虚，只有成功的谦虚；世界上没有独立存在的骄傲，只有失败的骄傲。

　　大致说来，骄傲则自满，自满即懈怠，懈怠就是失败的根源。谦虚则不满，不满则奋发，奋发就是成功的原因。

　　李自成在起义之初是谦虚的。那时候，义军的力量是那样的弱小，明朝军队却十分强大。李自成和他的义军谦虚谨慎，艰苦奋战，终于建立了大顺政权，推翻了明朝统治。可是一旦攻占北京，明朝败亡，李自成便志骄意满起来，心气松懈，军纪废弛。结果被吴三桂反戈一击，溃不成军，最后败死九宫山。李自成因谦成功，因骄失败。

　　像李自成这样的例子，在历史和现实中俯拾即是，不用多举了。一个自诩有恒心、有毅力的人，如果不警惕成功之后的自满情绪，就会被埋葬在鲜花和掌声的陷阱之中。

　　青少年要想避免骄傲，培养谦虚谨慎的性格，可以从以下几个方面来努力。

　　（1）充分认识骄傲自满的危害

　　古人讲"历览古今多少事，成由谦虚败由奢"，"骄傲自满必翻车"。什么时候骄傲自大，自满自足，那么就会停止前进的脚步。虚心使人进步，骄傲使人落后，这是被历史一再证明了的颠扑不破的真理。只有不断克服骄傲自大的缺点，才能培养谦虚谨慎的良好性格。

　　（2）要学会平等地对待同伴、同学和周围的人

　　人与人之间，都应该平等相待，肝胆相照，决不可盛气凌人，也不可妒忌别人的进步。不要沾沾自喜，不要目中无人，要正确地认识个人与集体、与别人的

关系，不要贪天之功归于己有，有了成绩首先要想到集体和他人。

（3）要学会全面地分析问题，摆正自己的位置

山外有山，天外有天，自然界的事物无止境，要想认识自己，就必须丢掉个人主义的有色眼镜，学会全面、客观、发展地看问题，学会掌握分析事物的方法。人一旦跳出自我小圈子，站在客观的高处，低头看，就会找到自己的位置。到那时，就不会过高地评价自己，就不会昏昏然，就会发现自己只是沧海一粟，我们所取得的成绩和所谓的那点资本同别人相比，同未来事业的需要相比是微不足道的。这样，我们会冷静许多。

（4）要树立远大的理想和抱负

理想和追求是人生前进的风帆。胸无大志，一点小成功便沾沾自喜，裹足不前，是不可取的。而胸怀大志之人，决不会在半坡上陶醉于小胜利，更不会马放南山，刀枪入库，不求进取。理想和追求，不仅是磁场，也是一种压力，让人松不得半口气。

（5）要正确地对待成绩和荣誉

我们告诫人们不要骄傲，并不是提倡人们虚伪。人取得成绩，应当引为自豪。但成绩只能说明过去，不能说明未来。再说，一个人的成长，有许多客观因素，这里有家长和老师的培养、同学的帮助，还有许多默默无闻为我们服务、甘做人梯的人们，我们不能把账都记在自己的功劳簿上。人生好比逆水行舟，不进则退，骄傲是人生路上的一个红灯。我们对此决不可掉以轻心。富兰克林曾说："我们各种习气中再没有一种像克服骄傲那么难的了。虽极力藏匿它、克服它、消灭它，但无论如何，它在不知不觉之间，仍旧显露。"可见，克服骄傲心理是一项长期的任务。记住：逆境中要认识自己，顺境时更要认识自己。

第五章
培养开朗
乐观的性格

1. 积极乐观创造奇迹

一个女孩对她父亲抱怨，说她的生命是如何如何痛苦无助，但是问题似乎依旧一个接着一个出现，让她毫无招架之力。她已失去方向，整个人惶惶然，只想放弃。闻听此言，当厨师的父亲二话不说，拉起女儿的手，走向厨房。

他烧了三锅水，当水滚开之后，他在第一个锅里放进萝卜，第二个锅里放了一个鸡蛋，第三个锅里则放进了碾成了粉状的咖啡。

女儿茫然地望着父亲忙活，不明所以。一段时间后，父亲把锅里的萝卜、鸡蛋捞起来各放进碗中，把咖啡滤过后倒进杯子，然后问："宝贝，你看到了什么？"女儿说："萝卜、鸡蛋和咖啡。"

父亲让女儿摸摸经过沸水烧煮的萝卜，萝卜已被煮得软烂；他又让女儿将那个鸡蛋壳敲碎剥去蛋壳；最后，他让女儿尝尝咖啡。

女儿恭敬地问："爸爸，这是什么意思？"

父亲解释，这三样东西面对相同的逆境——煮沸的开水，对它们产生的反应却各不相同。

原本粗硬、坚实的萝卜，在滚水中却变软了，变烂了；原本脆弱而易碎的鸡蛋，它那薄脆的外壳起初保护了它液体似的内脏，但是经过滚水的沸腾之后，内脏却变硬了；而粉末似的咖啡则更为特别，在滚烫的热水中，它竟然改变了水。

父亲的用意很明显，他要告诉女儿，大多数人在生活中都会遇到很多的障碍，不可能事事顺利。有些人面对困境的做法就是等待与忍耐，以时间换取空间，但是等到最后通常也还是苦了自己，生活并不会因为你的坐待而有任何改变。

换言之，不少人在逆境面前往往习惯于自我放弃，因为他们常以颓丧的心情、低落的情感来破坏、阻碍自己的生命游戏。要知道，一切事情的成功，全靠我们的勇气，全靠我们对自己有信心，全靠我们的乐观态度。然而很多人却不明白这一点。当事情不顺利时，当他们遇到不幸或痛苦的经历时，他们往往会听任颓废、怀疑、恐惧、失望等消极情绪主宰自己，破坏自己多年苦心经营的计划。

一个能够在逆境中保持微笑的人，要比一个面临艰难困苦就崩溃的人要拥有更多有价值的东西。

人生的境遇是不平坦的，有时候是高峰，有时候是低谷。处于顺境时，不要过分陶醉得意，要留有余地；处于逆境时，也不必悲观自怨，只要有勇气面对，也许从这一站到下一站，你不但已经脱离了原来的泥潭，还能开创新的契机。

有这样一个小故事：两条欢天喜地的小溪，从山上的源头出发，相约流向大海。它们各自分别经过了山林幽谷、翠绿草原，最后在隔着大海的一片荒漠前碰头，相对叹息。若不顾一切往前奔流，它们必会被干涸的沙漠吸干，化为乌有；要是停滞不前，就永远到达不了自由的、无边无际的大海。

云朵闻声而至，给它们提出了一个拯救它们的办法。

一条小溪绝望地认为云朵的办法行不通，执意不就范；而另一条小溪则不肯就此放弃投奔大海的梦想，毅然化成了蒸汽，让云朵牵引着它飞越沙漠，终于随着暴雨落入大海。而不相信奇迹的那条小溪，宿命地流向前方，最终被无情的沙漠吞噬了。

生活也是如此。如果你是一个积极而乐观的人，面对困难，反而会激发你潜藏的韧性和解决问题的能力，别人不给你机会，你更该自己创造机会；没有人疼惜，自己更应该疼惜自己，千万不要自怨自艾，那只能加速自己出局的时间。

所以，让逆境摧毁你，还是你来转变逆境，钥匙其实一直就掌握在你自己的手中。

积极乐观能创造奇迹，幸运往往青睐乐观者。所以即使身处逆境，也不能悲观失望，因为改善自身状况的钥匙，就在自己手中。

2. 打破内心消极的念头

有个铁匠把一根长长的铁条插进炭火中烧得通红，然后放在铁砧上敲打，希望把它打成一把锋利的剑。但打成之后，他觉得很不满意，又把剑送进炭火中烧得透红，取出后再打扁一点，希望它能做种花的工具，但结果也不如他意。就这样，他反复用铁条打造各种工具，却全都失败。最后，他从炭火中拿出火红的铁条，茫茫然不知如何处理。在无计可施的情形下，他把铁条插入水桶中，在一阵咝咝声响后说："唉！起码我也能用根铁条弄出咝咝的声音。"如果我们都有故事中铁匠的心胸，还有什么失败和挫折能够伤害我们呢？

每一个问题之中都藏着解决的方法，只要我们真正拿出行动，用积极的心态去面对，事情就终有解决的时候。不管情绪有多痛苦，如果我们按照下述六个步骤去做，就可以很快地打破消极的念头，进而找出脱困的方法。

（1）确认我们真正的感受

人们并不经常确切地知道自己真正的感受，只是一头栽进那些负面情绪里，承受不当的痛苦折磨。其实他们并不需要这么对待自己，只要稍微往后退一步，问问自己这句话："此刻我是什么样的感受？"如果我们直觉地便认为是愤怒，那么再问问自己："我真是觉得愤怒吗？抑或是其他？也许我真正的感受只是觉得自尊心受了伤害，或者觉得自己损失了些什么。"当我们明白了真正的影响就不如愤怒来得强烈。只要我们肯花点时间去确认真正的感受，随之针对情绪提出一些问题，那么就能降低所感受的情绪强度，以客观且较理性的态度处理问题，自然就能更快且更顺手了。

（2）肯定情绪的功效，认清它所能给我们的帮助

如果我们依赖情绪，就算是对它并不完全了解，也应该明白它具有帮助我们的功能，从而我们就可走出内心的煎熬，很容易找出问题的解决之道。一味地压

抑情绪，企图减轻它对我们的影响不但没用，它反而会更加纠缠着我们。因此，对于一切我们所认为的"负面情绪"都该重新检讨，给它们重新定位，日后当我们再遇上相同的情况，那些情绪不但不再困扰我们，反倒能带我们走出另一片天空。

（3）好好注意情绪所带来的信息

当我们有某种情绪的反应时，不妨带着探究的心理，去看看那种情绪真正带给我们的是什么。此刻我们到底该怎么做才能使情绪好转？如果我们觉得孤单，不妨问问自己："我是不是真的孤单呢？抑或是自己曲解了，事实上我的周围有不少朋友？如果我能让他们知道我要去看他们，他们是否也会很乐意来看我呢？这种孤单的感觉是否提醒我该拿出行动，多跟朋友联系呢？"

只要我们对情绪有真正的认识，那么就必然能从中学到很多重要的东西，不仅在今天能帮助我们，在未来也是如此。

（4）要有自信

我们对自己要有信心，确信情绪是能够随时掌控的。掌控情绪最迅速、最简单且最有效的方法，就是吸取过去曾经有过的经验教训，然后针对目前的状况，拟出可以让我们成功掌控情绪的策略。由于过去我们曾面对并处理过这种情绪，而现在对情绪又有了新的认识，相信这可以帮助我们拟定策略。

如果现在正处于某种情绪，那么请停下来回想一下过去类似的情绪经验，当时是怎么解决的？有无改变自己的意识？有无对自己提出某种问题？有没有采取新的行动？要如何拿来作为这一次的参考？只要我们决定按照上次成功的模式去做，带着信心，那么这一次依然会如上一次地有效。

（5）要确信我们不但今天能控制，未来亦然

要想未来依然能够很容易地掌控情绪，我们必须对自己目前的做法有充分的信心才行，因为那在过去我们已经使用过，并且证明确实有效，如今我们只要重新拿出来使用即可。我们要全心全意地去回想、去感受当时的情景，让怎样顺利处理的经过深印在我们的神经系统中。

（6）要以振奋的心情拿出行动

之所以振奋，是因为知道自己可以很容易地掌控情绪；而拿出行动，是为了证明自己确有能力掌控，可千万别让自己陷于使不出力的情绪状态之中。

当我们熟知这六个简单的步骤，差不多就能掌控跟我们人生最有关的几个情绪。如果这六个步骤我们又能运用得很灵活，日后就能很快地确认及改变情绪了。

3. 以热诚的态度对待生活

具有乐观、豁达性格的人，无论在什么时候，他们都感到光明、美丽和快乐的生活就在身边。他们眼睛里流露出来的光彩使整个世界都溢彩流光。在这种光彩之下，寒冷会变成温暖；痛苦会变成舒适。这种性格使智慧更加熠熠生辉，使美丽更加迷人灿烂。那种生性忧郁、悲观的人，永远看不到生活中的七彩阳光，春日的鲜花在他们的眼里也顿时失去了娇艳，黎明的鸟鸣变成了令人烦躁的噪音，无限美好的蓝天、五彩纷呈的大地都像灰色的布幔。在他们眼里，创造仅仅是令人厌倦的、没有生命和没有灵魂的苍茫空白。

尽管愉快的性格主要是天生的，但正如其他生活习惯一样，这种性格也可以通过训练和培养来获得或得到加强。我们每个人都可能充分地享受生活，也可能根本就无法懂得生活的乐趣，这在很大程度上取决于我们从生活中提炼出来的是快乐还是痛苦。我们究竟是经常看到生活中光明的一面还是黑暗的一面，这在很大程度上决定着我们对生活的态度。任何人的生活都是两面的，问题在于我们自己怎样去审视生活。我们完全可以运用自己的意志力量来做出正确的选择，养成乐观、快乐的习惯，而不是相反。乐观、豁达的性格有助于我们看到生活中光明的一面，即使在最黑暗的时候也能看到光明。

聪明的人往往是处在一些烦恼的环境中时，自己却能够寻找快乐。因烦恼本身是一种对已成事实的盲目的、无用的怨恨和抱怨，除了给自己心灵一种自我折磨外，没有任何的积极意义。为了不让烦恼缠身，最有效的方法是正视现实，摒弃那些引起我们烦恼不安的幻想。世界上并不是一切都会让我们完全满意，不要为寻找尽善尽美的道路而挣扎。实际上，并不是所有在生活中遭受磨难的人，精神上都会烦恼不堪。相信很多人对生活的磨难，不幸的遭遇，往往是付之一笑，看得很淡；倒是那些平时生活安逸平静、轻松舒适的人，稍微遇到不如意的事情，便会大惊小怪起来，引起深深的烦恼。这说明，情绪上的烦恼与生活中的不幸并没有必然的联系。生活中常碰到的一些不如意的事情，这仅仅是可能引起烦恼的外部原因之一，烦恼情绪的真正病源，应当从烦恼者的内心去寻找。大部分终日烦恼的人，实际上并不是遭到了多大的个人不幸，而是在自己的内心素质和对生活的认识上，存在着某种缺陷。因此，当受到烦恼情绪袭扰的时候，就应当问一问自己为什么会烦恼，从内在素质方面找一找烦恼的原因，学会从心理上去适应我们周围的环境。

不管我们生活中有哪些不幸和挫折，我们都应以欢悦的态度微笑着对待生活。下面介绍几条原则，只要我们反复地认真施行，就可能减轻或者消除自己的烦恼。

（1）要朝好的方向想

有时，人们变得焦躁不安是由于碰到自己所无法控制的局面。此时，我们应承认现实，然后设法创造条件，使之向着有利的方向转化。此外，还可以把思路转向别的什么事上，诸如回忆一段令人愉快的往事。

（2）不要把眼睛盯在"伤口"上

如果某些烦恼的事已经发生，我们就应正视它，并努力寻找解决的办法。如果这件事已经过去，那就抛弃它，不要把它留在记忆里，尤其是别人对我们的不友好态度，千万不要念念不忘，更不要说："我总是被人曲解和欺负。"当然，有些不顺心的事，适当地向亲人或朋友吐露，可以减轻因烦恼造成的压力，这样心情会好受一些。

（3）放弃不切合实际的希望

做事情总要按实际情况循序渐进，不要总想一口吃个胖子。有人为金钱、权力、荣誉奋斗，可是，这类东西一个人获得的越多，他的欲望也就会越大。这是一种无止境的追求。一个人发财、出名似乎是一下子的事情，而实际上并不然。

79

因此，我们应在怀着远大抱负和理想的同时，随时树立短期目标，一步步地实现我们的理想。

（4）要意识到自己是幸福的

有些想不开的人，在烦恼袭来时，总觉得自己是天底下最不幸的人，谁都比自己强。其实，事情并不完全是这样，也许我们在某方面是不幸的，在其他方面依然是很幸运的。如上帝把某人塑造成矮子，但却给他一个十分聪颖的大脑。请记住一句风趣的话："我在遇到没有双足的人之前，一直为自己没有鞋而感到不幸。"生活就是这样捉弄人，但又充满着幽默之味，想到这些，我们也许会感到轻松和愉快。

4. 摆脱抑郁

抑郁是性格内向的人常常遇到的麻烦，而且这种人一旦与抑郁打上交道，便不容易从中解脱出来。如果他自己不从思想和行动上为摆脱抑郁作出艰苦的努力，他就将在抑郁的泥沼里越陷越深；如果他再得不到外界的帮助，那他的身心就可能受到严重摧残。"不在沉默中爆发，就在沉默中灭亡"，鲁迅先生的这句话对抑郁性格的人非常适合。只是无论是爆发还是灭亡，都将披上浓厚的悲剧色彩，因为抑郁者的"爆发"常常给其他人造成伤害，从而也给他自己制造麻烦。

有这么一个故事：小黄是从西北偏远的某省份考进北京某大学的，应该说小黄是幸运者。然而，不幸却从小黄第一步跨进校门就开始了。小黄来自偏远省份的贫困地区，进京后的第一感觉就是她成了这个城市的一名多余者，眼花缭乱的都市生活似乎根本与她无缘，她没有想到自己刻意装饰过的服饰在这五彩缤纷的大都市里竟显得如此的寒酸，而家庭的经济状况又使她根本不可能因为衣着的问题再向父母伸手，所以她怀着一种极其低落的情绪走进了学校。

如果说站在大街上的小黄的感觉完全是因自己的因素在起作用的话，那么，小黄后来的发展却和她的学校、她的老师、她的同学有着密不可分的联系。小黄到最后那一刻也没有弄明白这个作为国家一流学府中的老师、学生的素质怎么会是这个样子，他们对待贫穷的态度竟会是那样的无情，简直就是冷酷。如果小黄还有机会的话，她永远也不会忘记她穿着那一身朴素的衣裳走进寝室时同学们异样的眼光；参加第一次集会时同学们的品头论足，而且是那样地明目张胆。尤其让小黄不能忘记和饶恕的是那个刚刚毕业留校的辅导员，居然在大庭广众之下称她为"那个穿着最朴素的女生"，而且是在第一次点名和各自作了自我介绍之后。

从第一天起，小黄就因为别人的态度而终于没有勇气跨出第一步去和别人交流，尽管过去在家乡的小县城里她并不十分害怕交际。然而，那集体也像忘记了她似的，没有人来关心她。她始终不敢像其他同学一样在食堂吃饭，因而常悄悄一个人在寝室里就着白开水吃馒头。

小黄终于在自我抑郁中走到了尽头，她在"沉默中爆发"了，而且"爆发"得那样惨烈，她在一个月黑风高的夜晚把从实验室里偷出来的硫酸慢慢地洒进平时对她尤其"刮目相看"的两个室友的蚊帐中。

"物质的困乏根本就击不倒我，"小黄很平静地对审判她的法官说，"别人对我的贫困不表示理解和支持都可以，你让我独自一个人默默地生活，我绝对不至于会走上如今这条路，可是……"说到这里小黄忍不住又掩面痛哭起来。这是小黄第二次哭泣，第一次是在小黄的父母和乡里的一个干部在小黄出事后来看她时。那次小黄的哭远没有这次伤心，因为那次她只为自己没给父母和家乡争光而感到伤心，而这次却是为她所生活的那个环境而悲哀。

抑郁，一种多么可怕的性格。如果你沾上了它，和它纠缠在了一起，请你务必下决心摆脱它。这里给你提几条建议：

（1）要认识到没有人喜欢阴沉的人

抑郁性格的人常常喜怒不形于色，因此人们很难看出他是喜还是悲。抑郁型的人从来不想让自己十分激动，而事实上他的绝大部分生活都是严肃的。虽然人们一方面讨厌那些粗声粗气、喜欢控制别人的人，但同时也应该知道你自己也在通过情绪控制他人。如果人们知道什么会令你情绪低落时，就会小心翼翼地避免。然而要维持这样一种一触即发的紧张关系是非常困难的，因此人们在可能的情况下都会尽量不去接触这种人。

假若你已经认识到这点，那么你就应该开始改善自己，你应该强迫自己快乐些。即使你这种强迫并不能使自己感到真正的快乐，但你宁愿要假的快乐也不要真的忧郁。

要知道没有人喜欢沉默无生气的人。因此，你应该做到不论现实怎样地令你感到失望，你都不要悲观，别人不让你快乐，你完全可以自己制造快乐。

（2）不要自找麻烦

抑郁性格的人总爱将事情私人化，常常自寻烦恼。别人不经意的一句话，很自然的一个动作，抑郁性格的人也常常敏感地怀疑这是别人对他有所意指，因而莫名其妙地情绪低落，甚至对别人怀恨在心。

其实，你应该认识到，假若你没去伤害别人，别人也没理由伤害你。要知道，别人根本没时间去猜度你，去谋算你，除非你实在树敌太多或十恶不赦。若非如此，有人要冲着你来，给你找麻烦，那么那人就是有毛病。

你应该学着把眼光盯在事情积极的一面，不要老是把眼光放在消极的东西上。因为当一个人的精神总是集中在消极面时，就会变得沮丧和忧郁。因此，抑郁性格的人应该在这里找到你之所以抑郁的根源，并力图在生活中消除那些让你感到抑郁的东西。

（3）别那么容易受到伤害

抑郁性格的人实际上容易被伤害，要不然，他就不会花那么多时间将视线集中到自己身上。他们极易受暗示，可能有时候一件在制造者的出发点来看是善意的事情，抑郁性格的人却将它往另一个角度想，从而把自己逼进死胡同。即使他在事情初发时对制造者用意的另一面也有所考虑，但他敏感多疑的心理常常让消极面站了上风。

有这么一个事例：卡耐特读小学时成绩一直名列前茅，这种优势一直保持到他进入中学。进入中学之后，老师为了让同学们迅速适应新环境，同时平心静气地看待自己的原有成绩，以便使大家知道从某种程度上来说大家处于同一条起跑线上，因此，希望过去成绩较好的同学不要沾沾自喜，更不能骄傲自满，过去成绩比较差的也不必灰心失望。在此之前，卡耐特的父母已对他进行过类似的教育。因此，当老师第一次这样讲时，卡耐特也很能明白老师的用意。可没隔多久，当老师再次这样讲时，卡耐特的心境就发生了变化，因为此时他已打听到自己目前在班里的情况，他过去的那种优势实际上在强手如林的新班级里已经不那么明显了。因此，当卡耐特再次听老师这样讲时，就总觉得老师是在含沙射影地批评他，老师所列举的事实似乎样样他都能沾边。于是卡耐特坐不住了，听不下去了，他认为老师已经不再器重他了，他莫名其妙地感到一种将被冷落、被遗弃的危机。从此，卡耐特在不安的情绪中度过每一天，成绩自然也更是直线下降。

因此，抑郁性格的人应该学会不轻易被伤害。最好的办法是，别人所说的缺点都与自己无关，除非他指名道姓地对你说。然后你把他所列举的缺点在周围的人中间各找一个代表，嗯，懒惰的肯定是汤姆，马虎的肯定是约翰……这样，你就能摆脱受伤害的阴影。当然，如果你确有某些缺点也还得改正，只是别那么容易轻信别人无代表的指责就一定指的是你。

（4）从正面去看事物

抑郁性格的人常常着意去收集一些别人的批评，如果他听见房间里有人提及自己的名字，就断定别人一定在说他的坏话。其实，他的这种思想就像一个调到"负面"位置的收音机旋钮。假若你决定凡事从好的方面去想，而不是老是感到阴云盖顶，那么，许多事情都可以改变。试着看到人们好的一面，要相信这样一个古训："世上本无说人坏话这回事。"那么，纵然当事情变糟时，你也不易很快便感到十分沮丧，也许此时的你会谢谢上天正使你具有新的经验且同时将学到新的积极教训。

（5）求他人帮忙

随着现代生活节奏的加快，生活空间的变窄，人际关系的冷淡，人们的心理障碍越来越多。为了解决这些麻烦，你应该多交些知心朋友，请他们帮忙。如果你感到朋友也不能解决你的这些问题，可以向心理医生求助。此外，目前社会上有关心理治疗的书籍很多，你可以有选择性地买几本看看，学学其中的好办法，同时你还可以多看一些能让自己的心情豁然开朗的好书。

知识链接

辛德勒博士

美国著名心理咨询师，作品《情绪是健康的良药》成为《纽约时报》评选的畅销书。

5. 不快乐的原因

辛德勒博士告诫人们：不快乐是一切精神疾病的唯一原因，而快乐则是治疗这些疾病的唯一药方。因此，是否乐观处世，对我们来说就显得举足轻重。

乐观的性格对人的生理和心理、精神和行为都会产生积极的影响，使人精力充沛、生气勃勃。很多实验表明，人在快乐的时候，视觉、味觉、嗅觉和听觉都更灵敏，触觉也更细微。快乐也会使人的记忆力大大增强，使胃、肝、心脏等所有的内脏发挥更有效的功能。乐观性格还能帮助我们摆脱生活中的一些烦恼、困难的纠缠和袭扰，而正是这些不良情绪会抑制和扼杀我们的创造力。因此，几千年前的老所罗门国王有这样一句格言："快乐的心有如一剂良药，破碎的心却能吸干骨髓。"

在生活中，很多人有一种错误的想法。他们认为快乐是可遇而不可求的。因此他们常常这样说："我喜欢快乐，可是难得碰上。"按人的本性，大概没有人会把快乐拒之于门外。但由于人们的一些错误认识，实际上常常导致了人们对快乐的视而不见和放弃了可能得到快乐的机会。而在通往快乐的康庄大道上，最大的陷阱就是自寻烦恼。如果你不幸陷入这种心理困境而不能自拔，那么快乐在你看来就理所当然地变成了遥不可及的东西。

人们不快乐的原因归纳为如下几点。

（1）滚雪球似的扩大事态

这种人不是在问题一出现就正视、处理它，而是一拖再拖，结果使一件很小的事情像滚雪球一样，不断扩大。比如，在婚姻关系中，把自己的愤怒和苦恼埋在心底，使它积聚起越来越大的心理压力，最终给自己造成不愉快，甚至给彼此都带来痛苦乃至不可挽回的损失。

有这么一个事例：杰和琼是经人介绍从认识到结合的。由于婚前接触的机会少，对彼此的弱点了解不多，在婚后较长时间内对对方的缺点都采取容忍的态度，因此，他们的家庭也还是风平浪静了很长一段时间。

后来，杰和琼因为所在单位的效益都很差，家庭经济越来越吃紧，因而夫妻矛盾一步步激化起来，好几次都闹到要离婚的地步。可是在每次大闹时，儿子都会在他们中间进行调解，并极力劝阻他们不要离婚。这样闹过几次后，杰和琼都觉得为了孩子的前途着想，至少现在不宜再提离婚的事。

杰和琼在貌合神离的夫妻生活中终于把儿子送进了大学。当杰和琼都松了一口气，准备再提离婚之事的时候，琼却因为长期压抑成疾而命归西了。

真不知该如何评判这对夫妻的行为，但他们的事实却绝对地符合比尔·利特尔归纳的第一条不快乐的原因。也许他们早些离婚情况会好些，当然，这得建立在他们都对儿子的前途持乐观态度的基础上。也许正因为如此，目前社会上有不少性格乐观的人士在高呼"感谢离婚"。

（2）代人受过，引咎自责

这种人习惯把别人的过错揽到自己身上

而自怨自艾。比如，这种人看到某人不喜欢自己，就把责任归于自己，确认"这都是由我造成的"，从而导致忧郁成疾。

（3）盯着消极面

这类人总是把注意力放在事情的消极面上，他们常常忘记自己曾经有过的得意时光，而对于自己受到不公正待遇的时间、地点等却记得清清楚楚，并为此长期耿耿于怀。他们始终放不下自己曾经犯过的错误或固有的缺点，即使有时候他们看到自己的优点而情绪愉快，那也不过是短暂的一会儿，随后马上又会因想起自己过去犯过的错误或别人对他的打击而情绪低落，使仅有的一点快乐受到抵消。

（4）以殉道者自居

这种人不能快乐的最大障碍是他们总能找机会把自己比作殉道者，就像有些母亲过度地承担家务劳动后，常对别人说："没有一个人真正疼我，对我们家来说，我不过是一个仆人而已。"有的父亲则采取同样的方法自言自语："我的骨架都累散了，谁也不把我当回事，大家都在利用我。"这样做的结果不仅给自己制造了恶劣的情绪，而且使周围的人感到厌烦，这自然又加剧了"殉道者"的不愉快感觉。

知识链接

莎士比亚

威廉·莎士比亚（1564—1616），英国文学史上最杰出的戏剧家，也是欧洲文艺复兴时期最重要、最伟大的作家，全世界最卓越的文学家之一。

莎士比亚在埃文河畔斯特拉特福出生，他不仅是演员、剧作家，还是宫内大臣剧团的合伙人之一。他的早期剧本主要是喜剧和历史剧，1608年后他主要创作悲剧，包括《奥赛罗》《哈姆雷特》《李尔王》和《麦克白》等作品。莎士比亚流传下来的作品包括39部戏剧、154首十四行诗、两首长叙事诗。他的戏剧有各种语言的译本。

6. 不要为自己的快乐设定条件

为了获得真正的快乐，千万不要为自己的快乐设定条件。

别说："只要我赚到一万元，我就开心了。"

别说："我只要搭上飞往巴黎、罗马、维也纳的飞机，就快乐了。"

别说："我到 60 岁退休的时候，只要卧在躺椅上晒晒太阳就满足了。"

生活中的快乐，不应该有条件。

一个人不论是百万富翁或是穷光蛋，每一天都应该有一个基本的目标，就是衷心喜悦地享受生活。患得患失的百万富翁会对自己说："有人会偷走我的钱，然后就没有人理睬我了。"意志坚强的穷光蛋却会对自己说："债主在街上追我的时候，我正好可以运动一下。"

不要愚弄自己，如果我们真的想要得到生活的乐趣，我们能够找到，但要有一个先决条件：我们必须有这份福气消受。

有许多无福消受生活乐趣的人，他们在功成名就之后，非但不能松弛，反而更趋紧张。在他们心目中，似乎老是受到追逐——疾病、诉讼、意外、赋税，甚至还包括了亲戚的纠缠。直到再度尝到失败的滋味以前，他们无法松弛心神。

生活乐趣应从微小事物中去寻求：美味的食物、真诚的友谊、温煦的阳光、欢愉的微笑。

莎士比亚在《奥赛罗》一剧中写道："快乐和行动，使得时间变短了。"不论时间长短，让我们的时间充满愉悦的笑声。对于认为快乐并非生活中一部分的人应该一笑置之，因为他们是无知的一群；但是我们也要原谅他们，因为他们不像我们这么聪明。

快乐是真实的，是发自内心的；除非获得我们的允许，没有人能够令我们苦恼。

我们每天都应该记住：快乐是你赠送给自己的礼物。

快乐本来就出自人的心灵和身体组织。我们快乐的时候，可以想得更好，干得更好，感觉得更好，身体也更健康，甚至肉体感觉都变得更灵敏。人进入快乐的思维或看到愉快的景象，视力立即得到改进；人在快乐的思维中记忆力大大增强，心情也很轻松。

辛德勒博士说：不快乐是一切精神疾病的唯一原因，而快乐则是治疗这些疾病的唯一药方。看来，我们对于快乐的普遍看法有些是本末倒置的。我们说："好好干，你会快乐。"或者对自己说："如果我健康、有成就，我就会快乐。"或者教别人"仁慈、爱别人，你就会快乐"。其实更正确的说法是："保持快乐，你就会干得好，就会更成功、更健康，对别人也就更仁慈。"

快乐不是挣来的东西，也不是应得的报酬。快乐不是道德问题，就像血液循环不是道德问题一样。快乐与血液循环二者都是健康生存的必要因素。快乐不过是"我们的思想处于愉悦时刻的一种心理状态"。如果我们一直等到"理应"进行快乐思维的时刻，我们很可能产生自己不配得到快乐的不快乐思想。斯宾诺莎说："快乐不是美德的报酬，而是美德本身；我们不是由于抑制欲望而享受快乐，相反，我们享受快乐才能抑制欲望。"

第六章
培养冷静、沉着的性格

1. 冷静是一种智慧

思想家说：冷静是一种美德。

教育家说：冷静是一种智慧。

文艺家说：冷静是一种魅力。

冷静与思索孪生，它使人深邃，而深邃的人更趋于成熟；冷静即力量，它使人充实，而充实的生命才会永远年轻；冷静中有含蓄，它使人想象，而想象往往给予人的更多。

冷静，既是一种性格，也是一种风度，更是一种品格。受挫时要保持冷静——在冷静中镇定，在冷静中反省，在冷静中坚强，在冷静中撞击新的火花；成功时更需要冷静——在冷静中成长，在冷静中清醒，在冷静中寻找新的起点，确立新的目标。

在生活中，如果你刚刚错失了一次绝好的机会，一定要冷静。这班车过去了，那班车还会到来。即使没有车了，也用不着大惊小怪。你就步行吧，尽管慢一些，最终还会到达目的地的，只要你肯把双脚迈开。

不要埋怨，不要责怪，要相信成功的日子就会到来。不要因此而萎靡不振，也不要一味地自怨自艾；还是冷静一下吧，说不定在你唉声叹气的时候，下一趟班车已经驶来。

心理学家发现，即使是最困难的事，只要自己有适当的准备，有心寻求解决之道，必能找到办法去解决。当然，解决困难的方式很多，但其中最重要的，就是首先要认清事情的真相，冷静思考引起困难的真正原因。这时，可能会发现大部分原因竟是自己本身造成的。所以，如果自己有做错、疏忽或思考不够周密的地方，就要深刻地进行自我反省，加以改正。如此，才能克服困难，才会把这种体验牢记心中。

换句话说，要在困难的事情一露出破绽时，自己就要察觉到。但是，人们往往在事情出差错之后即草草处理，结果效果不如人愿。不过，无论如何，在事情显露破绽时，能马上察觉出来，那是非常重要的。

人越到需要紧迫做出决定的时候，思想越容易混乱，或者思考能力干脆停止了，这就是人们常说的"惊呆了""急懵了""惊慌失措"等。在这时，要有冷静的情绪，清醒的头脑，才能顺利地处理好紧急情况。

在危急的时候更要冷静。假如你丢了一些重要文件，或你的家突然受到强风暴的威胁，要保持镇静，至少看上去是镇静的。你的动作一直要平稳从容，不要匆忙急促，你的讲话要干脆利落，保持语调的高低有序，而且不慌不忙。惊慌是带有传染性的，因此要镇静。

成熟者遇事头脑冷静，不急躁、不鲁莽从事，能用理智控制感情。

知识链接

三国演义

《三国演义》是中国古典四大名著之一，是中国第一部长篇章回体历史演义小说，作者是元末明初的著名小说家罗贯中。

《三国演义》描写了从东汉末年到西晋初年之间近105年的历史风云，以描写战争为主，诉说了东汉末年的群雄割据混战，以及汉、魏、吴三国之间的政治和军事斗争，最终司马炎一统三国，建立晋朝的故事。反映了三国时代各类社会斗争与矛盾的转化，并概括了这一时期的历史巨变，塑造了一大批叱咤风云的三国英雄人物，他们个性鲜明，文韬武略，各领风骚。全书可大致分为黄巾之乱、董卓之乱、群雄逐鹿、三国鼎立、三国归晋五大部分。

2. 性子急躁的人容易失败

与冷静性格相对的是性格急躁，就是那种遇事爱着急、爱发火、爱发怒的性格。

性子急躁的人，往往不能和别人搞好团结，容易意气用事，动不动就爱发火，甚至出语伤人。有时自己发一通脾气，五分钟就过去了，但却伤害了他人的感情。有很多性子急躁的人，虽然有办好事情的一片好心，但性子一急，往往不能冷静地考虑问题，细致地体察情况，结果常常会事与愿违，达不到预期的结果。

《三国演义》里有一段故事：刘备的副军师庞统在未被重用前曾"屈任"耒阳县宰。有一次张飞到耒阳县巡视，听说庞统不理政事，就发起火来，要逮捕庞统。经孙乾劝阻，并从处理积案中发现了庞统的才能，张飞的怒火才平息下来。其后，庞统帮助刘备攻取西川，立下了很大功劳。庞统到耒阳后嫌官小，不理政事，当时看来，这当然是不太好，但如按张飞的急性子真的把他抓起来，那就把事办糟了。

我们平时所说的发火，心理学称之为怒。这是人在事与愿违时产生的一种心理反应。一个人如果经常发火，不仅影响与别人的团结，还会影响自己的学习和工作。而且人在暴怒之下，有时还会失去理智，做出遗恨终身的事来。达尔文说："脾气暴躁是人类较为卑劣的天性之一，人要是发脾气就等于在人类进步的阶梯上倒退了一步。"

怒，就其强弱程度可分为：愠怒、愤怒、大怒和暴怒。人在愠怒时，感到烦躁不安，表现出"没好气"，但还能忍受；人在愤怒或暴怒时，则有明显的生理变化，如心跳急速、胆汁增多、呼吸加快、胸部升高，外部表现为脸面勃然变色、两眼圆睁、咬牙切齿等。而且总要寻找发泄的对象，或是迁怒于人，或迁怒于器物。可见，随着怒气强度的增加，它所造成的影响和危害也将增大。

美国科学家所做的一项研究表明，那些从大学时代就显现出脾气暴躁的年轻人，在以后岁月里出现健康问题的概率较那些脾气温和的同龄人要大。研究人员同时表示，这些脾气暴躁的年轻人并不注定一辈子都会不健康，如果随着年龄的增大，他们能够逐渐学会控制和改变自己暴躁性格的话，那么他们的健康状况仍有望得到改善。

研究人员发现，从人的整个发育过程来看，脾气暴躁通常出现在青春期后期。为此，他们对2000名从20世纪60年代中期开始上大学的白人受试者的脾气状态以及20年以后他们的健康状况进行了研究。

研究结果表明，在大学时代就显现出脾气暴躁的年轻人步入中年后的健康问题多多。这些人多会抽烟成瘾、酗酒，并常常伴随着没有社会支持的不安全感。这些人多在20世纪90年代开始患有肥胖症，同时，患忧郁症的比例较高，家庭生活多不和谐。

研究人员还发现，在这些人中间，有些人随着年龄的增长脾气有了较大的改善，所以上述情况则不与他们为伍。但是，也有一些人，脾气随着年龄的增长而同步增长。这些人患忧郁症和肥胖症的危险则是其他人的两倍。

研究结果表明，为了在今后的生活中保持良好的健康状况，人们应在年轻时就开始学会不要暴躁，遇事要冷静。有人认为，脾气为天生，改不了。其实不然，实验证明，如果把自己的心态调整好，许多容易使人暴怒的事情也可以变得不那么令人愤怒。控制自己的脾气，是一种文化修养，需要培养。而这种遇事沉稳，不让自己情绪化的修养将对日后的健康起到积极的作用。

在特殊情况下，愤怒也可能有积极作用，比如面对邪恶势力的时候。但在多数情况下，愤怒的情绪都是极为有害的。

人为什么会发怒呢？一般发怒时，都是起因于："事情不应该这样啊！（但现在已经发生了）太让人生气了！""他为什么不跟我一样呢？否则我就不会动怒。"这就是说，怒的起因往往是期望大千世界要与自己的需要和意愿相吻合。当事与愿违时，便会产生不愉快、不满意、苦恼、沮丧，以至怒不可遏。例如：人的物质需要或精神需要得不到满足，特别是自己认为正当的合理的需要得不到满足，或者已经得到的东西和权利由于外部原因遭到损失或者失去了，这时就容易动怒。又如，自尊心受到损害，生活中遇到某种困难、挫折或逆境，也会引人发怒。

发怒还与人的思想修养有关。需要不能满足、财物受到损失、人格受到侮辱，这对于有修养的人也会引起不快，但不一定会动怒。而对于思想修养差或缺乏精神文明、意志"管不住"感情的人，就是针尖般大小的不如意或者稍微触犯其个人利益，他也会发牢骚、耍脾气，甚至大发雷霆、勃然大怒。

3. 善于约束自己

自我约束表现为一种自我控制的感情。自由并非来自"做自己高兴做的事"，或者采取一种不顾一切的态度。自己来战胜自己的感情，证明自己有控制自己命运的能力。如果任凭感情支配自己的行动，那便使自己成为了感情的奴隶。一个人，没有比被自己的感情所奴役而更不自由的了。

我们每个人都在通过努力做使自己生活更有意义的事，向着未来的目标奋进。但是，生活在现实的世界中，我们绝不应该采取仅使今天感到愉快的态度而丝毫不顾及明天可能发生的后果。我们的感情大都容易倾向于获得暂时的满足，所以，我们要善于做好自我约束。但是须注意的是，那些提供大量暂时的满足的事，通常就是对我们长期的健康、快乐和成功最有害的事情。因此，在追求一种有意义的生活时，我们应当努力预测自己所从事的事情对将来可能产生的后果。

不论你现在如何享受目前的生活，深谋远虑总会有益于你考虑未来。那些总是失败的人一再使用"我没有另外的选择，我不得不这样"这种借口。而实际上是他们不愿付出短期不自在的代价，换取享受长期的更大的报偿。一个没有养成自我约束习惯的人，可能反复地屈从于一种诱惑而从事一种不该做的事，这种错误的后果甚至严重到能长期影响一个人的成败。

要具备自我约束的能力，必须不断地分析自己的行动可能带来的长期后果，同时必须不屈不挠地按照符合自己的决心，为了长期的最大利益的决定而行动。

用了同样的努力，有人成功了，有人则失败了。他们可能都知道成功的途径，但他们之间有一个主要的不同在于：成功者总是约束自己，去做正确的事情；而不成功的人总是容忍自己的感情占上风。一个人如果没有养成自我约束的习惯，就可能付出高昂的代价。

人人都能偶尔表现出自我约束能力，但是要一贯取得成功，就要坚持不懈。所谓一生不是指别的什么，它只不过是年、月、日的积累。那些短时间和阶段内发生的事，将决定你总的一生是否成功。

要做到自我约束，必须抑制人的感情的冲动。人们行动的基础，通常可分为两种：感情冲动或自我约束。感情冲动地行事，无异于是一种失去控制的危险生活。然而，我们却依旧总是凭感情冲动行事，这是极其可怕的。实践中经常发生的是：当一大群人朝着一个方向行走，而你的理智或常识告诉你那是一个错误的方向时，你自我约束的能力就受到严峻的考验。这时也正是你必须运用自我约束的力量压倒你随大流时那种短暂的舒服感受的时候，要提醒自己，这个大流从长远看并不正确。

每一个人必须具有自我约束能力，不让别人用次要的计划或无关的事情拉你离开轨道，要保持头脑不受种种杂念的干扰。我们必须养成一种把那些对创造性过程没有好处的东西全部阻挡在外的习惯。对任何职业都一样，取得成功的结果直接依赖于我们坚持用在一贯紧张的、不间断的创造性思维上的时间量，也就是说，自我约束、专心致志，是通向成功的必经之路。

为了达成目标，计划中应该包括一把"成功量尺"，虽然一般人好像不喜欢让测量用的棍棒来指导行动，但是成功的事业人士都强调，丈量是必要的。

这种丈量其实是对自己进行的自我评价。毫无疑问，个人事业的发展是阶段性的，在每一个不同的阶段，个人努力的方式、方法都会有所不同，取得的成绩、获得的进步也有大小、缓急的差别。在这种情况下，事业人士必须对自己的发展情况进行丈量即评价。比如说，我这一阶段发展事业的大致方向正确吗？这一种生产经营模式是否适合我的事业？还有更好的吗？这一阶段的发展情况怎样，与前一阶段发展情况比是减缓、一致、还是加快了？其原因何在？要进行诸如此类的自我反省、自我设问。

通过对这一系列问题的反省和研讨，我们能够对个人事业的发展情况有一个全面的、整体的了解。对这些成绩或问题的剖析，可以使我们获得有益的经验和改进的方法，从而使自己在发展个人事业的征程上走得更加坚定和充实。

自我丈量的巨大的作用还在于对发展事业的自我督促上。比如说，你在这一个发展阶段上获得了成功的经验，取得了很大的进步，你就会在自我评价中得出结论，受到启发，督促并警惕自己戒骄戒躁，发挥优势、长处以取得更大的成绩。而如果你在这一阶段的发展情况不很理想，那你就会吸取经验教训，总结失败原因，并思考解决的办法，督促并鞭策自己走好下一步。

你只要想一想就懂了，没有丈量的方法，如何评判成功与否呢？一个名叫杰克的老板与四名助手经营一家店铺，他便是凭着对每周收入情况的研究，来评估店铺的整个经营成绩的。但是，他另外还决定改善与顾客的关系，只是一时不知道怎么评估这个目标。他说："我当时觉得非常为难，如何才能测量工作人员的礼节态度是否进步了呢？"经过一番思考，杰克决定每个月抽样访问 20 名顾客，请他们对店内的服务质量做出等级评分。他发现："图表显示每个月的调查情况很有用，店内全体员工都很看重这件事，结果我们这个月的收入便提高了 21%。"

如果杰克没有自问："我如何测量成果，以便客观评价经营成效？"他就不可能有这样的结果。事业人士的目标也要能够进行丈量。人们需要自己建立成功的标准并寻找途径监督自己的进步，否则就没有俯瞰整体的观点。

把目标限定在一段时间范围内完成是非常有用的，有了起始日和截止日，就像即将面临绞刑，往往足以使人集中精力和心神，认认真真地去完成一件事。

4. 控制自己的情绪化行为

每个人的情绪都有其优劣，自己一定要认识自己的情绪，不能回避，不能视而不见。譬如，有的人好冲动，而且一冲动就控制不住自己。怎么办？就要承认自己有这个毛病，在承认的基础上，再认真分析自己好冲动的原因，然后再找一些方法去克服。这样做可以随时提醒自己：不可放纵自己！

要控制自己的欲望。人的情绪化行为，大都是自己的欲望、需要得不到满足而产生的。当一个人的功利行为不能满足其需要时，行为就会变得简单、浅显，就会产生短视、剧烈的反应，产生情绪化行为是不足为怪的。因此，要降低过高的期望，摆正"索取与贡献、获得与付出"的关系，才可能防止盲目的情绪化行为。

要学会正确认识、对待社会上存在的各种矛盾。要学会全面观察问题，多看主流，多看光明面，多看积极的一面，这样能使自己发现生存的意义和价值，使自己乐观一点，会增加自己克服困难的勇气，增加自己的希望和信心，即使遇到严重挫折也不会气馁，不会打退堂鼓。

要学会正确释放、宣泄自己的消极情绪。一般来说，当人处于困境、逆境时容易产生不良情绪，而且当这种不良情绪不能释放、长期压抑时，就容易产生情绪化行为。

为此，有必要将消极情绪适时地释放、宣泄。譬如，找朋友谈心，找一些有乐趣的事情干，从中去寻找自己的精神安慰、精神寄托。但是不可对自己的情绪毫无限制，或对释放的方式毫无顾忌、不加控制和选择，就是说要有自制力。

所谓自制力即人体抗衡由命运之神的打击所引起的情绪风暴，而自己免于沦为"激情奴隶"的能力。"自制"（管理自我）的意思就是控制过激情绪，其核心是保持情感的平衡，而不是压制情感，因为每种情感都有其作用和意义。起伏波动的情绪使人生绚丽多彩，但需要保持平衡。情绪是有两面性的，可以做生活的调味剂，亦可成为幸福的杀手。

5. 学会控制自己的情绪

在日常生活中，怎样才能调节、控制自己的情绪，使自己少发火或不发火呢？

我国自古就有一套制怒的方法。如有的主张忍耐，进行自我克制；有的主张静居寡欲，与世无争，怒气自然不生；还有的则提倡由不满而发怒，转而发愤，在逆境中艰苦奋斗。许多有为的人都在制怒上下过功夫。如林则徐，他深知自己有易怒的毛病，无论在哪里做官，总在书房的墙上挂起"制怒"的条幅，时时提醒自己，每有怒气上升时，便强自按捺下来。

在我们的现实生活中，控制自己情绪的最根本方法还是要加强思想修养、锻炼自制力。同时，正确认识客观世界，学会正视现实也是制怒所必需的。什么是正视现实呢？

（1）宽容你不喜欢的人

要懂得别人不会永远像你所希望的那样说话行事，世界就是如此，这一现实永远不会改变。所以，每当你因为自己不喜欢某人某事而动怒时，你实际上是在感情上自己折磨自己。而当你接受了上述现实，你就能对世事采取更为宽容的态度。

（2）积极接纳不同的观点

人在生活中会遇到大量不同于你、反对你的意见，这也是现实，是你为"生活"付出的代价。因此要准备好：你的每一种情感、每一个观点、每一句话或每一件事都可能会遇到不同于你或反对你的意见。无论你主观意愿如何，与你不同的观点、做法总是有的。预先估计到这一点，就可以摆脱低沉情绪的干扰，具有了"不起火"的良好的心理基础。

（3）不渴求别人的理解

在生活中，我们还要接受这样的现实：许多人将永远不理解你。不要为此而愤愤不平，其实，你也会不理解许多与你很接近的人，而且也没有必要完全理解他们。他们与你有所不同是正常的。总之，认为别人要是和你一样、要是不反对你、要是能理解你，你就不动怒了，这种想法是一种不现实的错误的推理。

同时为了控制自己的情绪，还需掌握一些制怒的具体方法。下面介绍几种方法，当你要发怒时想到它们，也许会有些用处。

（1）转移注意力

当你遇到某种不平的事，越想越气，不如丢开它，转而找些开心的事情做。如出去走走，看电视电影，听音乐，找本有趣的书刊读读。当然，这种办法是临时措施，不是根本之法，但却能立

刻收到效果。

（2）试着推迟动怒的时间

如果你在某一具体情况下总是动怒，那就先让自己推迟几秒钟，比如说，推迟15秒钟再发火，下一次推迟30秒，然后不断延长间隔时间。一旦你意识到可以推迟动怒，你便学会了自我控制。推迟愤怒也就是控制愤怒。高尔基说得好，"哪怕是对自己有一点小小克制，也会使人变得坚强起来。"经过多次实践，积小胜为大胜，你会发现自己不那么容易动怒了。

（3）尽量降低发火的程度

如果你实在愤怒，怎么也控制不了自己的情绪，觉得非马上把火发出来不可时，建议你先采取一些"应急"措施，如默数一到十、A到Z，或是把舌头在嘴里绕几圈等。总之，尽量使自己将要说出的话火药味儿少些。

（4）自我心理安抚

如果有人向你挑衅，你肯定感觉有点激动或者血往上涌。但你要控制自己不要发火，这时你要对自己说："现在我有点激动，好像有点儿惊慌失措，但我知道怎样控制自己。这一点没有什么可争议的。不要把事情看得那么严重，这虽然让人气愤，但我有自信。放松、冷静做两三次深呼吸，舒适地放松，我感到很平静。"

当你已经被卷入冲突时，你要想办法使自己平静下来，你要对自己说："冷静、放松、冷静。只要保持冷静，我就能控制自己。想一想我要从中获得什么。我没必要显示我多么厉害。没有什么事值得我必须发火。不要因此而使自己陷入更大的麻烦中，找一找事情积极的一面，考虑一下事情最坏的后果，不要急于下结论。他竟然如此表现，有谁的脾气像他那么坏，他可真不幸。不要怀疑自己，他讲的对我毫无意义。我正在非常有效地控制这个局面，局势是可以控制的。"

当你遭到对方的打击，要被激怒时，你要对自己说："我现在的肌肉已经开始紧张了。现在应该放松，慢一点儿，慢一点儿，惊慌失措只能帮倒忙。如此生气毫无价值，我要把他当成一个可笑的家伙。我当然也有急躁和发怒的权利，但是，还是要忍耐一下。现在应该做几次深呼吸。不要乱，问题要一个一个去考虑。也许，他真的想激怒我。好，就让他彻底失望吧。我不应该指望人人都按照我所想的那样去做。放松一点儿，不要逞能。"

事件过去后，你要进行一下自我评价，来点儿自我奖赏，别忘了，对自己说："这件事，我处理得非常好，棒极了。原来，事情并不像我想象的那么难，虽然情况可能会变得更糟，但我还是解决得很好。虽然我有可能更加失态，但我没有那样。我不必要发怒，也可以很好地解决和处理这件事。我的自尊心可能受到了伤害，但如果我不把它看得那么严重，将会更好。我比以前做得要好多了。"

（5）作"动怒记录"

记下你发火的时间、地点和事情经过。要求自己如实地记录当时的心理活动。坚持这样做，你就会发现，记录动怒行为本身将促使你少动怒。

最后，请记住培根的一句话："无论你怎样地表示愤怒，都不要做出任何无法挽回的事来。"

6. 让浮躁的心趋于平静

在日常的生活或工作中，我们常常感到身心疲惫，时常没有耐心做完一件事，经常会突然变得茫然不知所措。那么，我们到底是怎么了？答案是因为我们太浮躁了。

浮躁是一种冲动性、情绪性、盲动性相交织的社会心理，它与艰苦创业、脚踏实地、励精图治、公平竞争是相对立的。在这个瞬息万变的物质世界中，其实人人都可能有过浮躁的心理，但是这也许只是一个念头而已。一念之后，人们还是该做什么就做什么，不会迷失了方向。然而，当浮躁使人失去对自我的准确定位，使人随波逐流、盲目行动时，就会对家人、朋友甚至社会带来一定的危害。这种心浮气躁、焦躁不安的情绪状态，往往是各种心理疾病的根源，是成功、幸福和快乐的绊脚石，是人生的大敌。无论是做企业还是做人都不可浮躁，如果一个企业浮躁，往往会导致无节制地扩展或盲目发展，最终会失败；如果一个人浮躁，容易变得焦虑不安或急功近利，最终会失去自我。

生活中，我们经常看到一些人，做事缺少恒心，见异思迁，急功近利，不安分守己，总想投机取巧，成天无所事事，脾气大。面对急剧变化的社会，他们不知所为，对前途毫无信心，心神不宁，焦躁不安。由于焦躁不安，情绪取代理智，使得行动具有盲目性，行动之前缺乏思考，只要能赚到钱违法乱纪的事情他们都会去做。

为什么熬过了那段吃不饱穿不暖的日子，到了不用再去担心温饱问题，可以逛街、可以下馆子，甚至可以住漂亮的房子、可以开豪华的车子的年代，人们的心却渐渐地躁动不安了呢？

我们之所以浮躁，是因为缺乏幸福感和快乐感，太过于计较得失。如今，人们交谈的话题常常是："谁又升迁了""谁在股市里赚了多少钱""谁家的房子有多大"，诸如此类，不绝于耳。在这种相互比较中，人们的心态难免会失衡。

浮躁就是失衡的心态在作祟。当自己不如别人，当压力太大、过于繁忙、缺乏信仰、急于成功、过分追求完美等等问题出现而又不能得到满意的解决时便会心生浮躁。或者说，浮躁的产生是因为心理状态与现实之间发生了一种冲突和矛盾。浮躁的基本特征就是急功近利，表现在政治上就是腐败，作风上就是浮夸，形式上就是浮华，经济上就是贪污受贿，思想本质上就是不劳而获。浮躁之风不仅在经济领域，而且在教育、文艺、体育以及官场等也多有表现，在此不必一一列举。更为严重的是，浮躁就像一种病毒，它可以互相传染甚至迅速蔓延，它使

在这种特定背景下成长的一代人形成了某种可怕的人生观和价值观。

也许是现在真的不比从前了。社会变革对原有结构、制度的冲击太大，一些原有体制正在解体或成为改革的对象，而新的制度又尚未建立或完善起来。在这种情况下，人们就很难对自己的行为进行预测，很难把握自己的未来。同时，伴随着社会转型期的社会利益与结构的大调整，有可能使一部分原来在社会中处于优势的人"每况愈下"，而原来在社会中处于劣势的人反而地位高了起来。每个人都面临着一个在社会结构中重新定位的问题，即使是百万大款也不能保证他永远挥洒自如。那些处于社会中游状态的人更是患得患失，战战兢兢，在上游与下游之间做文章。于是，心神不宁，焦躁不安，迫不及待，就不可避免地成为一种社会心态。

当今世上诱惑太多，但又无法抵挡。例如：当你翻开一些时尚报纸杂志，看到的不是哪个打工仔买彩票中了个数百上千万元的大奖，就是哪个美女被选上了"××小姐"，或是某某老板入围"世界百名富豪"，再有就是怎样可以发家致富，甚至怎样才可迅速暴富……再看看电视节目，不少是什么女模特比赛、知识竞赛大奖赛，连收看电视节目也可"摇一摇"中奖。一句话：人不在乎有多大能耐，只要运气好，都有发财机会。

在这种浮躁心态的诱使下，不少职场中的年轻人不安心于现有工作，往往这山看着那山高，跳槽成了家常便饭。虽然人才自由流动是一种良好的用人机制，但对一个人来说，太过频繁的跳槽并不见得是一种好现象。因为他们日常思量的不是把现有的工作做到最好，而是反复寻觅有什么机会可以跳槽。这么做于人于己都不是什么好事，对个人发展不利，对企业也做不出什么成绩。如果经常中途下车，怎能迅速到达目的地？或许有人会说，"这辆车不是我想要坐的"。可是连班次都没搞清楚就随便买票上车，未免太草率了吧？

浮躁是一个人成功的大敌。在追求成功的道路上，容不得半点浮躁心态。这是因为成功往往不会一蹴而就，而是需要一连串的奋斗，需要坚持不懈投入热情，还通常包含着某种时间因素。浮躁往往会伴随着我们一生，我们一生都在自觉或不自觉地同浮躁作斗争。做官浮躁，势必成为庸官；做学问浮躁，势必一事无成；做人浮躁，势必为人浅薄。只有战胜浮躁，我们才能够真正主宰自己。

有比较才有鉴别，比较是人获得自我认识的重要方式，然而比较要得法，即"知己知彼"，知己又知彼才能知道是否具有可比性。例如，相比的两个人能力、知识、技能、投入是否一样，否则就无法去比，因为这样得出的结论是错误的。有了这个认识，人的心理失衡现象就会大大减低，也就不会产生那些心神不宁、无所适从的感觉。

第七章
培养认真
仔细的性格

1. 认真仔细是一种良好的习惯 ·······················

儿童时期是人格形成的基础阶段，对于儿童教育的目标，西方家长认为是"快乐"，以中国为代表的东方家长认为是"成功"。受这种因素的影响，人们往往将升学率视为衡量学校教育质量的唯一标准。为了追求升学率，教师往往偏重于知识的传授，而忽视培养学生多方面的能力和智力，压抑了学生的个性，影响了学生身心的和谐发展，导致一些学生学习压力过大，造成注意力不集中。而"粗心"是不少学生，特别是青少年在学习上的"常见病"。

常听到家长说这样的话："我的孩子太粗心，每次数学考试就是计算题过不了关，应用题总是读题或审题不清。"长期以来，由于孩子年龄小，心智发育不健全，学习、生活中经常有粗心的现象，家长和老师都很头疼。粗心大意属于非智力因素的范畴。非智力因素一般指学生的兴趣、注意、情感、动机和意志等，表现在小学生身上差异很大。一个人的成功，更需要有超越常人的非智力因素。教育家赞可夫说："教学法一旦触及学生的情绪和意志领域，触及学生的精神需要，这种教学法就能发挥高效作用。"

在某种程度上，造成孩子们"粗心"的一个原因，是有些家长重智力开发、轻习惯养成的教育所致。家长不注重培养孩子的责任心，在独立面对问题时常会出现不知所措或浅尝辄止，使孩子缺乏一种良好的行为习惯。

帮助学生矫治粗心行为，不仅可以培养学生良好的学习习惯，而且也能发展学生的思维方式，改善学生的心理品质。因此，从低年级开始，就应培养学生认真仔细的习惯，多渠道、多方位地帮助学生克服粗心问题。

2. 心细有时比胆大更重要

　　一位化学教授为了考验学生细致与否，精心设计了一个试验。他带着一量杯煤油、醋和蓖麻油的混合物走进教室。"你们先看仔细了，然后照着我的动作做一遍，然后我要问问大家溶液的味道。"教授说完将食指往量杯里一伸，然后将另一根手指放到嘴里，并十分痛苦似地皱了一下眉头。那些学生后来果然照着教授的动作做了，然后个个都愁眉苦脸的。教授看着这些粗心的学生，无奈地摇了摇头，说："你们都胆大有余而心细不足啊！你们再看看我的动作。"教授又将刚才的动作以夸大的表演方式重做了一遍。原来教授放到嘴里的是中指，根本不是那根去接触了混合物的食指。"要知道，生活当中有时心细比胆大更重要。"教授在同学们的一片惊叹声中说。

　　其实我们也常常犯类似的错误，只注意事情的大体框架，对其中的细微之处却常常忽略过去了，甚至干脆代之以自己想当然的虚构意念。就像刚才那些学生一样，教授既然让大家看仔细了，心细的同学马上就会联想到教授的行为有什么古怪，然而可悲的是居然没有引起一个同学的注意。那位教授用非常生动的形式给他的学生们上了重要的一课。

　　生活中，不少人忽略了培养自己注意细微之处的习惯。对父母师长提醒的"不能马虎呀""凡事细心一些好"之类的话往往置若罔闻，甚至感到厌烦。实际上，无论你正在从事或即将从事什么工作，都离不开细致这个良好的性格习惯。

　　读一读世界上的大富豪发迹史，如果你留心一下，就会发现他们中有不少人的成功都得自于细致观察、留心细微之处。美国的"回形针大王"克朗宁先生最初不过是住在贫民区中的失业汉，他们一家的生活都得靠他的妻子替人洗衣服来维持。一天，克朗宁正在教两个孩子认字，忽然，一阵风把桌上的纸吹得七零八落。当他俯身捡纸时冒出了这样一个念头：如果有一个夹子把纸夹住，不是就不会这

样了吗？不过，一般的夹子太大，能否做个轻便小巧些的呢？于是他找了些小铁丝开始扭弄，终于制成了"回形针"。东西虽小，然而实用方便，且价格低廉，自然很受欢迎。8年以后，克朗宁先生成了拥有8家大工厂的企业家。当然，"回形针大王"的成功不仅仅得益于细致，但是，如果他当初不去留心细微的琐事，不从风吹纸片想到夹子，再由夹子想到如何制造出一个小小的回形针，恐怕再有心致富也难以成功。

细致，不仅是企业家必须具备的性格特征，对科学家来说，更是少不了。无论是瓦特发明蒸汽机，还是斯麦尔发明摆钟；也不论是牛顿发现万有引力，还是居里夫人发现镭、铀，细致都是他们成功路上一个不可或缺的良好性格习惯。

现代科学技术的高速发展，使各种市场竞争日趋激烈，也日趋困难。同一行业的竞争有时会使参与者拼得头破血流还难分高低。从细致入微的改革入手，不失为打破这种状况的一种妙法。日本的森永公司就是依靠这一招从而超过可果美公司的。

日本人爱吃蕃茄酱，森永和可果美是两个大生产厂家，而可果美的销售量却是森永的两倍以上。尽管森永不放过任何一个宣传机会，但其销量仍然赶不上去。后来，森永公司接受了一位推销员的建议，将蕃茄酱的瓶口开大些，大到汤匙可以伸进去掏。这一细小改革的结果竟使森永的销售量一下子超过了可果美。原来，以前的瓶口都太小，使用时须用力摇、碰才能倒出，最后还会有不少留在瓶内倒不出来，不方便而且造成浪费。森永在一般人疏忽的细微之处作了小小的改革，就争取到了更多的顾客，一跃而居上风。这种事例在市场竞争中可谓屡见不鲜。可见，细致的作风从某种意义上说起着举足轻重的作用。

细致，从某种程度上来说就意味着生存。在《动物世界》中曾经看到过一个关于蛇与黄鼠狼搏斗的情节。蛇与黄鼠狼可谓一对天生的冤家，只要二者一碰头，不斗个你死我活绝不会善罢甘休。但它们之间的搏斗要么激烈异常，要么悄无声息。蛇和黄鼠狼似乎都对对方十分畏惧，因此在搏斗之前要进行一段长时间的对峙，彼此观察对方的弱点所在，没有十足的把握，绝不贸然出击。因此，刚开始时两者都是静若处子，而一旦开始进攻，则动若脱兔。事实上，只要一方首先发动攻势，那么对方的失败就基本上成了定局。在古龙的武侠小说当中，也经常有类似的例子，细致则意味着生，鲁莽则意味着死。因此不论是快刀浪子李寻欢，还是急人之难的陆小凤，在他们与同自己功力相当抑或高过自己的对手对阵时，无不要经过一番持久的、细致入微的观察。

在人与人的关系之中，注意在细微之处给他人以关怀、帮助的人总是比那些给人空洞的许诺的人更得人心。正像平常所说的，"爱的魅力，其实也是细致的魅力。"马季·哈里和朋友的友谊就说明了这点。

一天，哈里突然得到哥哥一家都在车祸中丧生的噩耗。"快来吧！"母亲在电话中请求道。哈里当时正忙着搬家，孩子要人管，家里也乱糟糟的。很多朋友来电话说，"有什么要帮忙的，请告诉一声。"但是，不幸的消息把哈里打懵了，他无法确定自己眼下该干些什么。这时，朋友唐纳那寡言的丈夫爱默生·金出现在门口："我是来帮你们刷鞋子的。"他对迷惑不解的哈里继续说道，"唐纳不得不留在家里照看孩子们，但我俩想帮你们做点什么。记得我父亲去世时，我花了几个小时来洗刷、晾晒孩子们要穿去参加葬礼的鞋。因此，我来帮你们刷鞋子。"爱默生·金用他无声的、细致入微的行动平息了一场因突然而来的不幸打击引起的风暴。我们不难从这些细微的用心上体味到感人至深的爱心。

在日常生活中，培养细致的习惯是十分重要的。举例来说，名片的使用现在已很普遍，有人以为交换名片不过是小菜一碟，习以为常，因此常常显得漫不经心。有人口中在作自我介绍，手却在口袋里到处乱摸，好不容易才将名片翻出来，却又要从厚厚的一叠包括他人的名片中寻找。试想，对方看着你这一系列的举动，心里会有何想法？如果是初次交往的人，很可能已经凭着出示名片之前的小动作判断出你做事没有条理、拖泥带水，从而在心中留下不太美好的印象。因此，不要小看交换名片这类细琐小事，它可能会导致两种截然不同的人际关系。

台湾的一位主考官从切身经验出发给求职者几条建议，最初几点都是人们容易忽视的：头发清洁，牙齿刷净，坐挺一点，别在履历表上写错字。仅仅靠智慧、经验、敏锐的思考是不够的，有时在你看来微不足道的小节，可能会使你的竞选功亏一篑。履历表上不经意留下的一个错字，很可能改变招聘者对你的良好印象，从而改变你的命运。

细致的习惯是难能可贵的，细节的魅力是无穷的。人们应该随时随地提醒自己：细心些、细心些、再细心些。也许成功的种子就藏在那毫不引人注目的细微之处，等待着我们去发现。

3. 如何改变粗心大意的毛病

为了培养认真仔细的性格，首先要克服粗心大意的毛病。

孩子粗心，父母头疼，教师头疼，连心理学家也头疼。那么心理学上怎么解释孩子粗心的这种现象呢？形成孩子粗心的因素是多方面的。比如：

感觉因素：有这种因素的孩子对感觉刺激的敏感性较差，注意力又比较容易受到外界的干扰。

知觉习惯的因素：有这种因素的孩子对知觉对象的反应不完整，分辨不精细。

兴趣的因素：这种孩子对感兴趣的事情却也是马马虎虎。最让父母伤脑筋的是粗心会逐渐变成一种行为方式，最后演变成他们无论做什么事情都冒冒失失、粗枝大叶的。粗心的孩子的特点是动作快、脑子慢。这种孩子做事之前一般不会耐心细心地观察和思考问题，因而事情做完之后常常会漏洞百出。这种现象一般会随着孩子认知能力的提升而有所改善，但是对那些已经形成粗心习惯的孩子，如果不对他们进行耐心细心的指导，改变他们的不良习惯，帮助他们形成新的知觉、思维和行为的模式，那么他们就只好当一辈子"粗线条"了。

要想改变孩子粗心大意的毛病，需要家长和孩子的共同努力。

对于家长来说，要注意如下几点。

（1）培养孩子的知觉能力和辨别能力

孩子之所以粗心，就是因为缺乏良好的知觉能力和辨别能力。父母要提升孩子这方面的能力，就必须采取有效的办法。比如向孩子提供"找相同点"和"找不同点"的图画，让孩子去发现图画中各种细节上的变化，培养他们仔细地观察事务和仔细地比较事物的能力，并且要求他们把比较的结果用语言大声地讲出来，以便发展敏锐的知觉。

这种活动随时随地都可以进行，哪怕是看到树叶上的一只小虫，也可以让孩子去仔细看看，看清楚虫子身上有几个花斑、几条腿等。

无论什么样的孩子，总是对某些事物要感兴趣一些，如对动物感兴趣的孩子，父母可以引导孩子对动物进行观察，充分地了解动物的各种习性，培养孩子对动物的更大兴趣。经过一定的时间，可以改变孩子的注意力。

（2）训练孩子多角度思考问题

小孩子的思维缺乏可逆性，很难从不同的角度思考同一个问题，因此需要父母进行很具体的指导。比如将两根一样长的棒子前后错开放在孩子面前，问他哪一根长。试验表明，有的孩子说上面的长，有的孩子则认为下面的长。这时，父母可以诱导孩子换一个角度再看这两根棒子。说上面那根长的孩子是因为他只注意到棒子的左端，当让他同时再看看木棒的右端，他的说法可能就会改变了；说下面那根木棒长的情况则相反，孩子只注意到木棒的右端长短，而忽视了木棒的左端。透过这个例子，就会让孩子学会观察木棒的两端。

（3）要及时纠正孩子的粗心

父母发现孩子因粗心而犯错误，应该及时要求他重新更正，去纠正原有的习惯动作，塑造新的动作。

这对于克服粗心也是必要的，父母在旁边给予具体指导，如"扶一把"，就能防止重复出错。

纠正孩子的粗心，是一件细心的、艰难的、经常反复的工作，需要父母高度的责任心和耐心，不可急躁，更不可以责骂。因为被骂的情绪紧张、兴致全无的孩子只会变得更加粗心。

另外，父母应该注意培养孩子的意志力和毅力，经常鼓励孩子克服困难去完成一件事情，养成做一件事情就要坚决完成的习惯。要尽量让孩子明白，无论做什么事情都要有始有终，不能半途而废。

而且父母对孩子不要过度关注，每次只给孩子一种刺激或一项任务，不能四面出击，什么事情都想做，会让孩子形成毛躁的毛病。在家庭里，要与家人协调好，共同帮助孩子有一个安静的环境，尽量减少家中的噪音，如不要把电视的声音开得太大、不要随便干扰孩子等。

对于青少年个人来讲，为了改变粗心的毛病。具体要注意如下几点。

（1）要养成认真仔细的习惯

做什么事都要认真，要细心耐心。比如做作业时字要端端正正写，题目要仔仔细细看，问题要认认真真想。做作业先不能讲速度讲数量，而是先要讲效果讲质量。不能把作业看成是老师加给我们的，"要我做"，我不得不去完成。要把作业当巩固知识培养自己能力的重要手段，"我要做"。有了自觉的认真的态度，仔细的习惯就会很快养成，"粗心"的错误很快就会改掉。有的同学说："想是这样想了，但做的时候却又糊里糊涂了。"这是因为不严格要求自己的结果。万事开头难，下决心，有一个良好的开端吧。

（2）要培养自我教育的能力

父母和老师对自己的帮助教育不可能是终生的，人长大后，总要离开自己的父母和老师，所以从小培养自我教育的第一步是要了解自己，第二步是自己定出方向，第三步要自我检查。另外，我们还要学会每次作业和测验考试以后，回过头去认认真真进行检查，看看有没有错误和遗漏的地方。检查可以用多种方式。如果时间允许，那么，就从头到尾或从尾到头仔细检查一遍，以便及时改正错误和补足遗漏之处。如果时间不够，可以进行重点检查自己最容易疏忽和经常做错的地方。

（3）准备一本错题集

为了使自己了解哪些地方最容易疏忽，哪些地方经常做错，以便找到规律，就要把每次作业、测验、考试中做错的地方，全部登记下来，并做订正。这样坚持不懈，定期查看整理，一方面可以摸到规律，根据规律进行练习，改正缺点；另一方面，也容易养成严格要求自己、一丝不苟的好作风。

"天下无难事，只怕有心人"，只要能根据上述方法去做，就一定能改正"粗心"的缺点。

4. 培养认真仔细的性格和学习态度

培养认真仔细的性格和学习态度，不仅有助于今后进一步学习科学文化知识，而且也是将来立足于社会的一项重要资本。为了培养良好的性格，可参考如下建议。

（1）培养做事从容的心态

如果有同学邀你去踢足球，家长却要求你留下来完成作业再去，效果当然可想而知。此时，与其让自己身在曹营心在汉，还不如先去玩，尽兴之后再从容去学习，效果会来得更好些。在平时，要尽量为自己营造轻松的学习氛围，使自己学习不致分心，想方设法把事情做好，而不仅仅是完成。当我们可以静下心来做事的时候，正是我们想做事的时候，也是我们培养兴趣的开始。长时间地安心做一件事是我们养成良好性格和习惯的开端。

（2）设计好方案之后再动手去做

接到一项任务后，很多人往往习惯于立即动手去做，遇到困难才会停下来想一想，此时却发现已经做过的却并不需要。为了避免陷于这种被动局面，要学会先想后做，就是要先想想要做什么、需要什么、应该怎么做，设计好方案之后再动手去做。比如，晚上做完作业整理书包，应该先想想明天需要用到哪些东西，

再考虑怎么放置比较合适，然后再装书包。而不是拿着书包见到什么装什么，这样很容易造成物品的丢失或损坏。

（3）按照步骤一步一步地去做

想好怎么做之后，关键是要按照步骤一步一步地去做。比如写作文，我们一般都是先写上要求写作的题目，然后想第一句，接着就一句一句往下续，犹如成语接龙，其困难程度可想而知。如果按照步骤先想一想要写什么，是写人、记事、状物还是写景，确定文章的中心，然后根据中心编写提纲，再按照提纲拟草稿，最后修改润色。这样按照步骤逐步写下来，从容不迫，写出的文章就会连贯、完整、有条理了。

（4）通过检查避免错误

检查是做好事情的最后一关。有时，我们为了追求速度往往会忽略这一步，从而发生了一些本可以避免的错误。比如，做数学题目时，可以抄完一组数字立即对照一遍，以免抄错。除了每一步都检查以外，整个题目完成后也应该检查一遍，看看有没有遗漏的地方，这样做是否恰当，确认无误后方可放心。从而养成做事认真的良好习惯。

5. 克服马虎随便的性格

　　生活中常有这样一种人，当朋友问他玩什么时，他说"随便"，问他吃什么时，他还是说"随便"。这类人，从正面的角度来说是随和，但从另一个角度来说则做事马虎、草率，没有主见，常常在事后后悔。比如他本来不会游泳，因为他说"随便"，朋友便邀他一起去游泳。到了游泳池边，他才大煞风景地说："其实，我根本不会游泳！"弄得一群朋友个个乘兴而来，败兴而归。也许他本来不善长吃辣椒，朋友因为他说"随便"，便带他去吃山城火锅。结果望着辣椒密布的火锅汤时，他又变得愁眉苦脸。

　　假若你不幸也是这样的人，那么，请你一定努力改正。为此，应力争做到以下几点。

（1）要认识到马虎随便的害处

古时候有一个做事马虎随便的人，他擅长画画，因此许多人都来向他求画。有一天，他正在给人画一只老虎，刚画好虎头，一个人又来求他画马，他提起画笔就在虎头后面画了个马身子，转身交给来人。那人一看这马不像马虎不是虎的画，很不满意，没要画就走了。从此，人们叫他马虎先生。

马虎先生把画挂在自家的屋里。大儿子看见了问他是什么，他说是虎。小儿子看见了问他是什么，他说是马。

有一天，大儿子外出去打猎，远远地看见一匹马在远处溜达，就拉弓放箭，将那马给射死了。结果马的主人找上门来，最后赔了许多钱才了事。

又有一次，画师的小儿子外出游玩，看到一头老虎，他以为是马，想爬到马背上骑着玩，结果被老虎吃掉了。

马虎先生悲痛极了，他一把扯下挂在厅堂上的马不马虎不虎的画，放到炉火上烧了，从此做事再也不马马虎虎了。

（2）要有主见

做事马虎随便的人最大的缺点是没有主见。如果有人提着壶开水，急切地问他是要喝咖啡还是要喝茶，他往往会漫不经心地回答说："随便。"他们常常会自认为这是随和。其实，他们不知道他们的回答有时候会给别人带来多大的麻烦。

相传20世纪30年代的上海滩，有一个不懂多少中国话的外国人走进了当时驰名全上海的仙来聚宾馆。服务员拿着菜单彬彬有礼地递到外国人面前，说："先生，请问要点什么菜？"外国人由于看不懂中国菜谱，随手翻了翻菜单，就说："随便。"谁知道服务员也是刚招来的，不知道外国人的深浅，见他翻了菜谱才说"随便"，以为菜谱上真有什么"随便"这道菜，记下后就回到厨房交待去了。

却说厨房里掌厨的是个赫赫有名的老师傅，听服务员说一个外国人点了"随便"这道菜以为又是哪个洋鬼子来吃白食或者找麻烦了，因为在当时的上海滩这种事可谓屡见不鲜，因此，掌厨的老师傅就费了很大的心思，才弄出一道由十几种珍贵菜肴拼成的"随便"菜。

却说洋人等了许久不见上菜，终于开始不耐烦了，正欲起身离去时，却见到服务员弄来一份色香味俱全的大拼盘，连叫"OK！OK！"可他到此时也不知道就因为他那句"随便"，给主厨师傅制造了多大的麻烦。

做事马虎随便的人喜欢人云亦云，他们往往不知道自己该在众多的可选择的东西面前怎样抉择才好，一时犹豫不决。如果这时有人在他之前做了选择，那么他有可能会照着别人做。如果他在这之后行为自然一些，人们或许不会觉得有什么不妥，但要是他本身对所选的东西并不是很熟悉，就容易闹笑话。看过电视连续剧《西游记》的人们应当不会忘记孙悟空刚出山去拜师学艺时，到一家饭馆吃饭时的情景。由于他对饭馆的一切比较陌生，对于众多的吃食不知选什么好，听到有人喊"来一碗面！"他便也跟着喊"来一碗面！"可他并不知道面的吃法，所以闹了个大笑话。

当然，现实生活中马虎随便的人并不会闹孙悟空那种近似天方夜谭的笑话，但闹其他笑话却是有可能的。其实，他们并非不能自己做出选择，只是因为他们常常觉得这也很好，同时又觉得那也不错，结果就很难做出决策。

其实，做事马虎随便的人应该懂得，并不是你做任何一件事的时候都有人要做和你一样的事，因此你总会有自己独立做出决策的时候。既然如此，即使有人要和你做同样的事，你又何必去模仿人家呢？凡事自己要有主见，自己认为怎样做好就怎样做，没有必要去受他人的影响。

（3）学会拒绝

做事马虎随便的人不懂得拒绝别人，在他们看来，任何一种拒绝都将给别人带来一种伤害，因此，他们常常宁愿让自己为难也不会拒绝他人。有时候，他们经不住商人的热情推销，他们也许并不打算买某样东西，但他们觉得如果对商人如此的热情加以拒绝的话会很难为情，因而他们常常违心地买下他们并不喜欢的东西。有时，他们可能自己另外有事要做，但却经不住别人的并不知是否真心诚意的邀请，违心地放下自己原来打算去做的事情，而和那位也许只是出于礼貌才邀请他的人一起去干另一件或许自己压根就不感兴趣的事。

做事马虎随便的人应该认识到，你并不能买下所有商人向你推销的东西，你也不可能满足其他所有人向你提出的要求。同时，你也不能一味地放弃自己本该做的，去迎合别人的愿望。你要敢于对你不愿意做的事，对你不欣赏的人说不。其实你应该知道，并不会因为你对某个商人说了"不"，他就会对你怀恨在心；也不会因为你信了某商人的话，买了他的商品，他就会感激你。相反，他会为自己又成功地兜售出一件商品而感到高兴，他也许还会因为多赚了你几元钱而在内心里称你为"傻冒"。同样，你也不会因为由于自己有事拒绝了朋友的邀请而对他的友谊有所损害，因为真正的朋友既善于理解对方的难处，也善于从对方的角度思考问题。如果他不是非需要你帮忙不可，他也根本不会去计较那么多。相反，如果你虽然答应了和他一起出去游玩，可你在玩的过程中却因老想着你该做的事而显得心事重重，从而使你们的活动显得毫无生气，没有一点乐趣可言的话，你的朋友才会真正责怪你。

学会拒绝吧，如果你办不到或对对方的邀请不感兴趣或没有时间，因为这时的拒绝有助于你自我的发展。

知识链接

西游记

《西游记》作者吴承恩（约1500—1583），字汝忠，号射阳。汉族，淮安府山阳县人。祖籍安徽，因祖居枞阳高甸，故称高甸吴氏。

《西游记》是中国古代第一部浪漫主义章回体长篇神魔小说。该书以"唐僧取经"这一历史事件为蓝本，通过作者的艺术加工，深刻地描绘了当时的社会现实。主要描写了孙悟空出世，后遇见了唐僧、猪八戒和沙和尚三人，一路降妖伏魔，保护唐僧西行取经，经历了九九八十一难，终于到达西天见到如来佛祖，最终五圣成真的故事。

自《西游记》问世以来在中国民间广为流传，各式各样的版本层出不穷，明代刊本有六种，清代刊本、抄本也有七种，典籍所记已佚版本十三种。被译为英、法、德、意、俄、日、朝、越等多种文本。世界各国发表了不少研究论文和专著，对这部小说作出了极高的评价。

《西游记》与《三国演义》《水浒传》《红楼梦》被称为中国古典四大名著。

6. 养成关注细节的习惯 ---

对于每一个人来说，即使很成功，也不可能时时刻刻轰轰烈烈，大部分的成功都是建立在一点一滴、日积月累于每一个活动细节之上。那么，年轻人如何在日常生活中培养关注细节的性格呢？

（1）在每一件小事上下功夫

有人说：要想比别人更优秀，只有在每一件小事上下功夫。众多的例子都从正反两面说明了细节能够表现整体的完美，同样也会影响和破坏整体的完美。细节在创造成功者与失败者之间究竟有多大差别？人与人之间在智力和体力上的差异并不是想象中的那么大。很多小事，一个人能做，另外的人也能做，只是做出来的效果不一样。往往是一些细节上的功夫，决定着完成的质量。看不到细节，或者不把细节当回事的人，对工作缺乏认真的态度，对事情只能是敷衍了事。这种人无法把工作当作一种乐趣，而只是当作一种不得不受的苦役，因而在工作中缺乏热情。他们只能永远做别人分配给他们做的工作，甚至即便这样也不能把事情做好。而考虑到细节、注重细节的人，不仅认真对待工作，将小事做细，而且注重在做事的细节中找到机会，从而使自己走上成功之路。

（2）留心才会注意细节

细节往往不易于被发现，需要留心观察，机会也往往隐藏在细节中。当我们把留心到的细节做好，也许就是我们成功的开始。

有些小事情去做了确实非常简单，但可贵处就在于要留心观察，发现细节。

1928 年，英国著名细菌学家弗莱明研究葡萄球菌的变异。葡萄球菌是一种圆形小点样的细菌，常常聚集成串，像葡萄一般，因此得名。它是引起人类许多疾病的罪魁祸首。

弗莱明每天用几十个培养皿接种上葡萄球菌，并配制各种养料，调节不同的温度，观察它们在培养过程中的变化，以了解影响细菌变异的各种条件。

一个早晨，弗莱明照例进行观察实验。突然，一种奇怪的现象引起了他的惊异，原来是一种来自灰尘的绿色霉菌落到培养皿里，并且生长繁殖起来。为了弄出个究竟，他对着亮光仔细观察起来，结果发现在这种绿色霉菌的周围，所有原先生长着的葡萄球菌全部溶化了。

这引起了弗莱明极大的兴趣。他小心翼翼地把这种绿色霉菌培养繁殖起来，继续进行观察实验，终于发现了霉菌可以制服凶恶异常的葡萄球菌的事实。他把这种由青霉菌分泌的杀菌物质，叫"青霉素"。但遗憾的是，当时弗莱明没有办法把青霉素从溶液中提取出来。

直到后来，在弗洛里、钱恩及其他几位科学家的支持下，在1940年，终于首次制出青霉素。

青霉素的发现及研制成功，轰动了整个世界，使许多恶性病再不能肆虐。1945年，弗洛里、弗莱明和钱恩获得了诺贝尔奖。

弗莱明发现青霉素，是他在观察时没有放过异常现象的结果。如果在观察时不注意这一异常现象，那么，青霉素的发现可能会推迟若干年。

青少年在日常生活中也要留心细节。比如：天气的变化，花草树木随季节的变化，周围人服饰的变化，商场物品摆设的变化等。做生活中的留心人，久而久之，就能养成关注细节的良好习惯。

第八章
培养果断的性格

1. 果断型性格的人易赢得机会

35岁的丹尼，一直希望有一艘船，然而他现在只有够买一艘二手船的钱。他的女朋友，32岁的塔若，也为他的愿望而兴奋，因为她也盼望着邀请其他相恋的人和他们一起去划船。

丹尼从广告上找到了符合他的价格要求的五艘船。他去看了每艘船，并且，在这些船中，有两艘他比较喜欢。这两艘都有优秀的地方，都有220马力的引擎和八个座位——这是他非常满意的。但是这两艘船之间也有一些不同。比如，一个有比较新并更精确的测定仪器；而另一艘有高质量的引擎。丹尼反反复复地考虑过每艘船后，就去找他想买的那艘船的主人，这时已过了一周半了。那人告诉他船已经卖了。虽然很失望，但是丹尼幸好还有第二个选择。然而，当丹尼匆匆忙忙地赶到时，这艘船也卖了。

当塔若问丹尼"你究竟买下了哪艘船"时，他把经过告诉了她。她只是站在那儿无奈地摇了摇头。这已不是他第一次由于犹豫不决而"错过要买的那艘船"的事情了。

这就是典型的优柔寡断型性格的人在生活中经常遭受的挫折。

你是否有过类似的体会？在生活中，有时候完全没有必要想得太多，瞻前顾后反而会令你丧失很多机会，尤其在商界，情况瞬间万变，等你一切都"想通"了，机会也就错过了。

因此，"该出手时就出手"，别再彷徨了。你本来是很爱思考的（只是有点过了头），若能更果决些，多一分干脆利落，哪怕是那么一点点，你就会马到成功。

何谓"果断"？当机立断，行动坚决。前为"果"，后为"断"，"果断"是一种行为方式，也是一种精神品质。我们也称之为"性格"，一种有力度的性格。

"果断"的反面是"犹疑"，机会来临时犹豫不决，决定之后又疑神疑鬼。

果断的人一往无前，犹疑的人瞻前顾后；果断的人抱定"不成功，便成仁"的决心，犹疑的人背着"患得患失"的包袱。

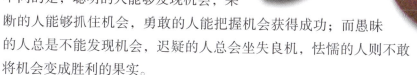

美国有句谚语，叫做"闪电决不会在同一地方落两次"，比喻机会决不会在同一时间、同一地点反复出现。中国也有句古话，叫做"机不可失，时不再来"，劝喻我们要珍惜每一次机会。机会对于每一个人都是均等的。所不同的是，聪明的人能够发现机会，果断的人能够抓住机会，勇敢的人能把握机会获得成功；而愚昧的人总是不能发现机会，迟疑的人总会坐失良机，怯懦的人则不敢将机会变成胜利的果实。

但决断并非一意孤行的"盲断"，也非逞一时之快的"妄断"，更非一手遮天的"专断"。决断除了要有客观的"事实"根据、见解高超的预见性眼光外，同时更要有决心与魄力。

知识链接

米老鼠和唐老鸭

《米老鼠和唐老鸭》是19世纪80年代一部风靡全球的喜剧性动画片，由沃尔特·迪士尼执导，片中主要以米老鼠、唐老鸭、大狗布鲁托的活动为主要线索。

通过这些动物一系列不连贯的、片段式的滑稽遭遇，运用拟人的手法和心理学、生物学、物理学、哲学等领域知识与现代科技相结合，向观众展现了一个个幽默的、令人捧腹的、具有大众娱乐的文化艺术作品。

2. 关键时刻作出正确的决断

　　哈默不仅是美国工业界的巨子，而且在发展美中贸易关系方面也作出过重要的贡献。我国领导人曾多次接见过他。哈默在 20 多年前接管西方石油公司时，该公司只是一家小企业，而今天，它已经在美国众多的大企业中位居前列。哈默获得成功的一个重要因素就是善于用人。像美国前总统约翰逊、卡特手下的高级官员，英国首相撒切尔夫人的公共关系顾问等人都被他网罗到了门下。他用人的独到之处只有两个字：果敢。该公司副总裁陈立家的被聘便是一例。

　　陈立家原来是美国另一家公司的工程师。当年我国领导人邓小平访问美国时，他曾经担任临时译员。那时哈默第一次认识了陈立家。不久，我国一个石油代表团访问美国，美国好几家石油公司都聘请陈立家为翻译、顾问。此次哈默与陈立家是第二次见面，但他很快就发现陈立家是一个可用之才。于是他当机立断，立即决定聘他来公司主持对华业务。而当其他公司也有这方面的打算时，已经晚了。从此，西方石油公司建立起了"对华业务部"。哈默的果敢，不仅发现了一个难得的人才，而且因为陈立家的华裔身份和他对汉语的精通，使公司及时地捕捉到了发展对华贸易的良好时机。

　　能迅速而又经过深思熟虑地作出决定，这种性格特点就称为果敢。果敢的人具有能及时而坚定地对某个问题作出抉择的气魄，敢于为自己所做的决定和由此可能引起的结果负责。因此，果敢是一个人意志品质高度发展的重要特征，对处理现实生活中的各种问题具有十分重要的意义。在这一点上，它往往通过可以及时迅速地抓住时机表现出来，而是否能及时地抓住时机，往往直接关系到人们在许多方面的成败。

　　凡是知道米老鼠、唐老鸭的人，对迪斯尼这个名字都不会陌生。迪斯尼曾经在一家卡通影片公司工作，为当时美国银幕上最受儿童欢迎的卡通影片《鬼子奥斯华德》绘制背景，但有一天他却被莫名其妙地炒了鱿鱼。为此，他决定自己单独画一套卡通片来和《奥》片竞争。也正是在这套影片中，他创造了同样为中国小朋友所熟悉和喜爱的"米老鼠"形象。但这部片子在最开始时却无人问津。就在迪斯尼苦闷彷徨的时候，有声影片开始登场了，迪斯尼马上决定，花巨资给他的卡通片配上声音。影片公映时，立即引起轰动，"米老鼠"很快成了妇孺皆知的漫画形象。从此，迪斯尼的事业蒸蒸日上。

迪斯尼在分析自己的成功因素时这样说："我能抓住转瞬即逝的机会，迎合了时代潮流的趋势，跑在了别人的前头。"倘若迪斯尼当时不是迅速地对形势作出决断，而是瞻前顾后，犹豫观望，那么他完全有可能失去这样一个机会。中国有句古话这样形容机会的转瞬即逝：机不可失，时不再来。

当然，果敢并不能简单地和轻率鲁莽作出选择划上等号，因为它是在深思熟虑的基础上作出的有根据的决定。性格果敢的人，他在作出某种选择时，同样要经历内心的矛盾冲突。然而一旦作出符合客观形势的正确判断后，他就会迅速决策，果断地选择一个方向或实现的方法，设法去争取胜利。

与果敢相反的则是优柔寡断。优柔寡断的人的一个主要特点是思想、情感的分散，没有力量将思想和情感引上明确的轨道，从而错过某种机会。而最后在不得不作出选择的时候，往往又只能在仓促匆忙的情况下进行决定，这样就可能导致不理想的结果。在生活中，类似的情况是很多的，大到国家大事、战争、外交，小到个人的择偶、就业、升学等，许多大大小小的问题都要我们作出选择。倘若我们总是左顾右盼，举棋不定，那只会贻误时机。所谓"当断不断，反受其乱"，指的就是优柔寡断所带来的结果。

西楚霸王项羽，在进军中原后，不听亚父劝告，没能借自己在军事上拥有的优势，及时铲除已有帝王之心的刘邦，结果贻误战机，气走亚父，离散军心，最后反受其害。刘邦节节进逼，项羽连吃败仗，最后落了个自刎乌江的结局，可悲可叹。倘若他早听亚父范增的话，那么死刘邦的机会实在太多了，即使没能在鸿门宴上将之除掉，凭借其军事上的优势，也不是没有铲除刘邦的希望。假若当初项羽在乌江边果敢地返回江东以图再振，孰胜孰败亦还未可料，无奈就为"无颜见江东父老"而自刎乌江，实在是"英雄气短"。

那么我们怎样才能作出正确而果敢的决定呢？你不妨从以下几个方面去努力。

（1）注意综合分析

心理学研究表明，人对问题作出决定的依据是大脑思维的判断，而判断的前提则是外界信息的输入。对于某个具体问题，与之相关的其他信息会输入大脑，加上大脑中原来储存的信息的综合作用，人们就可以作出判断。因而如何在特定的场合中迅速准确地对信息进行综合分析，就是我们在决断时的一个重要依据。

在罗贯中的《三国演义》里，马司懿大军兵临城下，诸葛亮在城中兵力空虚的情况下却大开城门。他之所以敢在危急之际作出如此大胆的决策，正是根据他平时对司马懿多疑谨慎的性格了如指掌。经过分析，诸葛亮断定司马大军是不会贸然进城的，于是导演了一出精彩的"空城计"。

（2）不要怀疑已作出的决定

一旦选择了一个目标或一种实现目标的方法，你就要促其在现有条件下尽量取得成功，而不要轻易对所做决定的正确与否持怀疑态度。美国前总统艾森豪威尔在第二次世界大战中曾担任盟军统帅，在实施诺曼底登陆作战行动之前，有人问他，如果突击部队从沙滩上被赶回大海时会有什么结果？他回答说："那将是相当不妙的，不过我从来不考虑这种可能性。"

（3）有时也要"一意孤行"

被誉为"经营之神"的日本松下电器公司的创办人松下幸之助，在一篇有关经营之道的文章中，认为在决策时，有时也要"一意孤行"。

他这样说道："一般说来，领导者不可忽视大众的意见。然而，如果处在非常时期，依大家的意见做事，往往不能解决问题，领导者就应下定决心，采取非常的手段了。在危急关头，仍能立稳脚跟，以超人的高明想法作出决策，这才称得上是真正伟大的领导者。伟大之处，就在于'慎谋能断'四个字。"松下在此讲的虽然是决策者，但对于一般人来说同样也具有某种启发意义。

（4）权衡性原则

人们在对事情作出决断时，常常会碰上两种情况，面临两种选择，似乎选这也好，选那也不错；但若从另一个方面看，则这个也有缺陷，那个也不完美。因而很难作出决断。在这种情况下，该怎么办呢？中国有句俗话："脚踏两只船，早晚会掉到水里去。"因此，应该根据"两利相权取其重，两害相衡取其轻"的原则进行权衡抉择。比如，著名的美籍华裔科学家杨振宁博士刚赴美深造时，选择的是实验物理。不久，他发现自己的实验能力比别人差，而思维判断能力却比别人强，经过仔细权衡之后，他果断地放弃了已有相当基础的实验物理而转向理论物理。几年之后，他终于在这方面作出了重大发现，从而荣获了诺贝尔奖。

高水平的果敢性不是所有的人都能具有的，甚至可以这样说，只有少数人才能具有它。如果你想成为其中的佼佼者，一个成功的方法就是先从小事做起。因为小事上的决断往往容易做到，而且，即使在做出决断时发生了错误，也不会引起太大的遗憾。随着决断程度的不断提高，你就可能不断强化自己的性格，从而培养出在关键时刻作出正确决断的能力。当断则断，做到这点，你就能真正掌握生活的主动权。

3. 学会当机立断

有这样一个故事：一头驴子出去寻找食物，发现了两堆距离不远的草：一堆是新鲜的青草，一堆是金黄的干草。一时间，它想先吃青草，又担心干草被别的驴子吃了；想先吃干草，又担心青草放久了不嫩了。最后的结果是，这头驴子饿死在两堆草之间。

生活中也有很多这样的人，他们在选择面前总是患得患失，优柔寡断，担心自己的决定会带来损失，不愿作决定，等到不得不作决定的时候，就尽量地往后拖，甚至刚作出决定就马上反悔，到头来只落得个两头空的结局。

深究起来，人们之所以在选择的时候患得患失，在作决定的时候优柔寡断，内心里其实是为了追求完美。本来追求更好是有上进心的一种表现，也是无可厚非的，但若以此成为不能果断决事的借口就不可原谅了。所以，要果断地作决定，很多时候，成败也就在那一瞬间的决定。

阿莫斯·劳伦斯说："我们具备了当机立断的好心态，因此，才会站在时代潮流的前列。而另一些人心态则过于拖延迟缓，直到时代超越了他们，结果他们落后了。"

当别人问及亚历山大是如何征服世界时，他回答说，他自己只是当机立断，坚定不移地去做好每一件与此有关的事情。

拿破仑在紧急情况下从不犹豫不决。他总是会立刻抓住自己认为最明智的做法，而牺牲了其他的计划和目标，因为他坚定地拒绝其他不断地扰乱自己思维和行动的计划和目标。这种办法的确很棒，充分体现了勇敢决断的力量，换句话说，也就是要当机立断选择最明智的做法和计划，而放弃其他的行动方案。

拿破仑是欧洲历史上叱咤风云的大人物。而根据历史记载，他之所以遭遇滑铁卢的惨败，就是因为他忘记了当机立断地作出明智的决断，而在此之前他总能在关键时刻以神速的决断化险为夷。

凭借顽强的毅力，拿破仑的铁军几乎征服了整个欧洲。不管是在重要的战役中，还是在最微小的细节上，他同样能作出迅速的决断。这种迅速决断的力量就像是一块巨大的凸透镜，它能聚集太阳的光线，甚至可以熔化最坚硬的金刚石，它无坚不摧。

当然，我们所作的决定必须是明智的。就算是像骡子那样固执而愚蠢的人也能够做出决定，但是他的决定应该被阻止。"顽固不化"和"坚持到底"有很大的区别。所谓"顽固不化"是指不管是否合乎逻辑，在坚持错误的计划或目标上固执己见，不自我反省。这是非常不明智的行为。

一个受过良好教育的人应该是依赖自己、引导自己并能完全控制自己的人。

也就是说人必须要养成当机立断的做人处事心态，才能获得更多财富，赢得更多成功。

有时候，你可能会碰到一些必须作出决定的紧急时刻，此时你也许会集中全部的精力来做出一个决定，虽然你当时可能会意识到这个决定或许非常果断。在那样的情况下，你必须把自己所有的理解力和想象力激发出来，马上思考更内在的东西，并使自己坚信这是在当时的情况下所能做出的最明智的决定，然后立刻付诸行动。在人的一生中，有许多的重要决定都必须当机立断。只有当机立断，你才能成功。

犹豫不决固然可以避免一些过错。但也会错失许多良机。任何时候，不要把追求完美作为患得患失的理由。

4. 如何改变优柔寡断的性格

优柔寡断的主要表现是思想、情感不集中，难以使思想、情感有明确的指向；遇事时常在各种动机之间、在不同的目的以及不同的手段之间摇摆不定，迟迟作不出取舍；总是怀疑自己所作出的决定的正确性，担心这种决定会给自己带来不利的后果，因此即使作出一些决定，也不能坚决执行。优柔寡断常常给学习和生活带来消极影响，丧失一次次良好的机会。

要改变优柔寡断的性格，就应注意：

第一，要开拓知识视野，不断积累生活经验。书本知识是前人、今人各种经验的结晶，能给我们许多有益的借鉴和启迪。注意生活经验可以提高自己把握现实生活经验的能力，就会增加主见，遇事便容易迅速作出准确的判断。

第二，要培养坚强的意志。坚强的意志包括自觉性、坚忍性、自制力和果断性四个方面。较高的自觉性可使一个人不屈从于别人的意志，不盲目接受各种暗示；较高的果断性会使一个人较迅速、较准确地明辨是非，判断正误；较强的坚忍性会使一个人抵制各种不符合行动目的的主客观因素的干扰，做到坚持不懈，锲而不舍；较强的自信心能使一个人经常控制消极情绪，即使遇到挫折也能激励自己前进。因此，要克服优柔寡断的性格弱点，就要在培养坚强的意志方面下功夫。

第三，要敢冒风险。当遇到严峻形势时，人们习惯的做法是小心谨慎，保全自己。不是考虑怎样发挥自己的潜力，而是把注意力集中在怎样才能缩小自己的损失上。而结果大都会以失败而告终。

在经济生活中，如果反应迟缓，就会遭受到严重的物质损失。对每一个公司来讲，在市场上都有一个或好几个竞争对手，他们并没有在睡大觉。在这种你死我活的竞争环境中，只有敢于冒风险的企业发展策略才有可能给企业带来发展，只有敢于冒风险的企业领导才有可能获得成功。

第四，要明确目标。一个人有了明确的奋斗目标，也就产生了前进的动力。因而目标不仅是奋斗的方向，更是一种对自己的鞭策。有了目标，就有了热情，有了积极性，就有了使命感和成就感。

有明确目标的人，会感到自己心里很踏实，生活得很充实，注意力也会神奇地集中起来，不再被许多繁杂的事情所干扰，干什么事都显得成竹在胸。

相反，那些没有明确目标的人，总是感到心里空虚，思维乱成一团麻，分不清主次轻重，遇事犹豫不决，不知道自己该干什么、不该干什么。

第五，要努力保持最佳情绪。良好的情绪是人生的润滑剂，可以促进生命运动，给人以充沛精力。谁都有体验，人在情绪好时，心情轻松，竞技状态佳。良好的精神状态可大大提高有用功，减少无用功。因此，要努力使自己热爱工作、热爱生活、乐观豁达、目光远大。尤其是刚刚步入社会、走向生活的年轻人，更应学会控制自己的情绪，使自己善于控制因身体、恋爱和婚姻的挫折以及对新环境不适应而引起的情绪不稳，保持最佳的情绪状态，以旺盛的精力和良好的心情，度过充实而有意义的高质量的人生。切莫让忧虑、犹豫和痛苦压倒自己，这种情绪既不能挽回过去，也不能改变将来，只会贻误宝贵的时机，浪费宝贵的时间。

5. 拖拉使人毫无作为

我们或多或少都遇到过一些做事拖沓的人，大家也许都尝到过等待这些人的苦恼。其实，在医学家看来，做事拖拖拉拉也是一种病。对那些喜欢把该做的事情拖到明天、后天或者下个星期，反正不是在今天干的人，约瑟夫·R.法拉利给了他们一个专有名词——"慢性拖拉症患者"。研究人员发现，做事喜欢拖拖拉拉的人全世界为数很多。约瑟夫·R.法拉利是美国德宝大学的心理学教授，专门研究人做事拖拉的倾向。法拉利教授和世界上该领域的其他研究学者发现，做事拖拉的习惯其实远比人们想象中的复杂和普遍，而且拖拉问题不是吃药和接受引导可以轻易解决的。

拖拉症最常见的地方大概就是大学校园了。大学交作业的时间跨度往往很长，但很多学生却总喜欢到要交作业的最后一刻才"奋笔疾书"。从老师布置作业起到提交作业的漫长过程里，有些学生花很多时间娱乐消遣或者忙于其他事情，其实这样做大大降低了学习效率。教授称这些学生为"懒虫"，心理学家则把他们归类为"学业拖拉症患者"。根据最新的研究，70%的美国大学生认为自己在开始动手做作业和完成作业的时候有典型的拖拉倾向。同时，大约20%的美国成年人是慢性拖拉症患者。

法拉利教授发现，名人也有拖拉的时候。达·芬奇晚年为自己未能完成最后的作品而扼腕。美国作家迈克尔·沙邦小说《天生奇才》中的格雷迪·特立普教授因为一直不肯收尾而致使自己的著作不能按时完稿。普通人做事拖拉的现象更是随处可见，比如为了吃个雪糕，看场电影，贪图一时的享受而怠慢了手头上重要的事情，我们不妨称这为"舍本逐末"。对于慢性拖拉症患者来说，"舍本逐末"简直就是他们的生活准则。

20世纪80年代，随着一些心理问题研究的逐渐深入，拖拉症也开始受到了研究者的关注。拖拉症的科学研究得到了很大的进展，研究人员开始分析拖拉症患者的精神状态。

法拉利教授在他参与编著的《拖拉与逃避任务：理论、研究和应对方法》一书中，阐述了偶然性拖延时间和习惯性拖拉之间的根本区别。他说，并非所有临时抱佛脚的学生都是慢性拖拉症患者，他们或者是因为这样那样的原因而耽误了功课，但在做其他事情的时候他们一般不会拖拖拉拉。在他的另一本论著中，法拉利教授表示，学业拖拉症患者并没有典型的特征。研究同时发现，拖拉症和智力与性格类型之间并没有必然的联系。不过，学业拖拉症患者的确比较缺乏自信，在接受心理学家的"认真程度"测试中得分较低，对生活缺乏憧憬，在集体活动中的表现较差。然而，法拉利教授和东伊利诺伊大学心理学家史蒂文·谢尔所做的一项最新调查表明，个性消极的人习惯逃避与创造性和智力无关的事情，而个性积极的人往往善于处理一切难度不大的问题。这似乎从一个侧面说明了拖拉其实与性格是有关系的。

办事拖拉是不少青少年常见的毛病。"明日复明日，明日何其多。我生待明日，万事成蹉跎。"要想不荒废岁月，得到好的成绩，就要克服拖拉这个习惯，养成立即行动的习惯。

拖拉者的一个最大退路，是找借口为自己开脱。经常听到一些人这样说："要是再有一些时间，我肯定能做得再好点儿。"而事实是，许多事情是很早就部署

下来的。

拖拉也有一些非情绪方面的原因。如：目标不合理、没定期限、应承过多、时间安排过于紧张、没有余地等。

拖拉者的一个悲剧是，一方面梦想仙境中的玫瑰园出现，另一方面又忽略窗外盛开的玫瑰。昨天已成为历史，明天仅是幻想，现实的玫瑰就是"今天"。拖拉所浪费的正是这宝贵的"今天"。拖拉的恶习往往会带来很多不良的后果，它会使我们有如下问题产生：

（1）问题成堆

明日复明日，本来不过是举手之劳的事，可总是拖延，成为一个紧迫问题，在我们最紧张的时候来抢我们宝贵的时间。

（2）陷入焦虑

拖拖拉拉，自以为"临期突击是完成任务的妙法"，结果，时间压力给人带来一个又一个的焦虑，天天在着急上火中生活。

（3）计划失效

一些人表面上也像个实干家，为自己确立目标制订计划，但却很少去落实。

到美国首府华盛顿观光的旅客总不免要到华盛顿纪念碑一游。不过纪念碑处游客如织，导游大概会告诉人们，排队搭乘电梯上纪念碑顶就要等上两个钟头。但是也许他还会加上一句："如果你愿意爬楼梯，那么一秒钟也不必等。"

仔细想想，这句话说得多么真切！不止华盛顿纪念碑如此，对于人生之旅又何尝不是！说得更精确一点，通往人生顶峰的电梯不只是客满而已，它已经发生故障了，而且永远都修不好，每一个想要往上爬的人都必须老老实实地爬楼梯。只要我们愿意爬楼梯，一次一步，那么我们必定将到达人生的顶峰。因此，一定要养成立即行动的习惯，克服拖拉的毛病。

6. 如何克服拖拉的毛病

为了摆脱优柔寡断，培养果决的性格，就要努力养成立即行动的习惯，克服拖拉的毛病。那么，该怎样克服拖拉的毛病呢？以下几点可供我们参考。

（1）分析利弊

对目标有意识地加以分析，看看尽快实践有什么好处，拖拉有哪些坏处，这对下定决心立即着手很有督促作用。

（2）分清事情的轻重缓急，学会在一段时间内集中处理一个问题

杂乱无章和拖延总是连在一起的，因为二者可以说是相得益彰的。如果你桌上摊着六门课程的复习资料，那么，单单决定先复习哪一门就要花不少时间了。而且没有哪两项任务会是同等重要的。人在疲沓时往往随意挑一件事就干，这样会把最重要的事给忽略了。所以要分清事物的轻重缓急，并且在完成一件事之后，再着手处理另一件。有人用写纸条的办法，记下自己要做的事，按其重要性依次排队，然后按部就班地处理它们。每当做完一件事，就高兴地在纸上划掉一项。同时，集中优势也是很必要的。大概很多人都看到过医院里问事处的服务人员是怎样工作的。她被拥挤在窗口的人群询问着，喧闹声、查问声不绝于耳。而她却不慌不忙地认定一个人，然后目不斜视地盯着他，仔细回答他的问题，从来不对其他人分散注意力。回答完这个人后，再选下一位提问的人。她的这种"一次只集中应付一个人，盯住他的问题不放，直到处理完为止"的态度，不是对我们很有启发吗？

（3）把大块任务切割成小块

善于化大为小，难题就好解决了。作出成绩的人大都懂得这种方法的价值。例如，一个人想写一本二百页的书稿，每天写一页，不到七个月他就可完成。想一下写完，他只能被目标本身吓倒。有了艰巨的任务，第一步要分解它，化成一

系列小任务，再一个接一个地完成。

（4）正视不合心意的工作，不要避重就轻

找一段时间专做不合心意的事务，是磨炼意志、克服拖拉的好办法。避重就轻也许符合人的天性，但到头来会积重难返，难上加难。你应当试着不让自己回避棘手的事。如果你原来习惯先做容易的问题而后解决难的，那你不妨倒过来试试。也许你会从中发现自己在解决了难题之后受到鼓舞，剩余的任务就迎刃而解了。

（5）从小事做起

起居、走路、吃饭、整理内务都要快速完成，决不磨蹭。在这方面，我国著名京剧演员郝寿臣有一套克服惰性的方法。他在床头贴了一个条幅："睁眼就起"。每早无论多困，只要一睁眼，他便一骨碌爬起来，匆匆洗漱。待坐到桌边，又有一个条幅映入眼帘："赶快吊嗓"。于是他又抓紧练功，开始一天紧张的生活。

（6）立即动手

想要打扫房间，现在就要去找工具。要交报告，马上就要拿出纸列上几个要点。要勒令自己，决不拖延，有事及早干。要练字——从现在就开始。想锻炼——从现在就开始。不要总是"明日复明日"。抓住了现在，就是抓住了时间，把握了生活。德国诗人席勒在谈到时间时说过，未来的姗姗来迟，过去的永远静止，现在像箭一般飞逝。是的，生命是由每一个像箭一样飞逝的日子组成的，青年人因为自己年轻，觉得日子好像永远过不完，往往不容易把握现在、抓紧今天。美

国的盲聋哑人学者海伦·凯勒说："有时，我常这样想，当我今天活着的时候，就想到明天可能会死去，这或许是一个好习惯。这样的态度将使生活显得特别有价值。"每一位积极生活的青少年都要珍视现在，抓紧时间，绝不拖沓。

（7）向人保证

提出保证，限定时间完成任务，会使人产生一种有益的焦虑感和时间紧迫感，这会有效地克服拖拉。

（8）每天做结算

"明天即在眼前，学会把每一天当作礼品来对待。"每天起床前要决心过好今天，还准备让明天过得更好。把时间看作财富，我们就不会再拖拉了。

最后，最好每天早晨问问自己：我面临的最大问题是什么？今天打算把它解决到什么程度？该做哪些事？不要忘记，克服了拖拉的习惯，我们就会跑在时间的前头。

第九章
培养豁达宽容的性格

1. 宽容是一种博大的胸怀

宽容是我们必须的选择，一个人只有学会了宽容，他才有足够的心力走好人生的道路。英国剧作家萧伯纳曾说："虽然整个社会都建立在互不相让的基础上，可良好的关系却是建筑在宽容互谅的基础之上。"一颗不能承受伤害的心灵是脆弱而难以生存的，一颗不能谅解伤害并宽容异己的心灵是狂暴而可怕的，因为仇恨不仅伤害别人也折磨自己。此时，宽容显得尤为可贵，它不仅是一个人、一个社会必要的德性，也是一种非此不可的生存智慧。只有学会宽容，才有足够的心力承担生活的重负。

宽容的内涵非常丰富，宽容是一种非凡的气度、宽广的胸怀，是对人对事的包容和接纳。宽容是一种高贵的品质、崇高的境界，是精神的成熟、心灵的丰盈。宽容是一种仁爱的光芒、无上的福分，是对别人的释怀，也即是对自己的善待。宽容是一种生存的智慧、生活的艺术，是看透了社会人生以后所获得的那份从容、自信和超然。"开口便笑，笑古笑今，凡事付之一笑；大肚能容，容天容地，于人何所不容。"这是何等的气度与胸怀！宽容的可贵不只在于对同类的认同，更在于对异类的尊重。这也是大家风范的一个标志。

智者能容。越是睿智的人，越是胸怀宽广，大度能容。因为他洞明世事、练达人情，看得深、想得开、放得下；也因为他非常狡黠地发现："处世让一步为高，退步即进步的根本；待人宽一分是福，利人实利己的根基。"

仁者能容。富有仁爱精神的人，也必是宽容的人。他心存恕道，"老吾老，以及人之老；幼吾幼，以及人之幼"，不苛求于己，也不苛求于人。所以，与刻薄多忌的人相比，宽容的人必多人缘、多快乐，自然也就多长寿了。

宽容是德，它饶恕所有令自己能接受或不能接受的是是非非。一个人的胸怀能容得下多少人，才能够赢得多少人。宽容不仅是一种雅量、文明、胸怀，更是一种人生的境界。

常用宽容的眼光看世界，事业、家庭和友谊才能稳固和长久。夫妻间除了要有爱情有信任，还要有宽容，总是为小事斤斤计较，就不可能白头偕老；朋友间没有了宽容就没有了友谊，因为宽容是友谊的题中之义。社会是一张彼此联系的人际网络，无人能独自成功，因而使自己无论何时都记得去体谅身边之人；知道孩子的成长必须有一片宽容的绿荫，而避免因苛责所导致的苦果；知道二人世界必须有宽容做基础，而能品尝婚姻的幸福。宽容别人就等于宽容自己，宽容的同时，也创造生命的美丽。

当你学会宽容的时候，你便是真的领悟了生命的内涵，便能站到比别人更高的位置，看问题和处理起事情来也会比别人更加透彻、更加有效；当你学会宽容，便因知道人生残缺的本质而豁达，它会令你体谅人性弱点，走出生命固有的盲区，由此你将成为生活的智者。

多一份争斗，就是在自己成功的道路上多挖掘了一道陷阱；多一份宽容，就是在自己生命的天空中多增加了一道彩虹。

美国成功学家戴尔·卡耐基有一次在电台发表演说，讨论《小妇人》的作者路易莎·梅·奥尔科特。当然，卡耐基知道她是住在马萨诸塞州的康科特，并在那儿写下她那本不朽的著作。但是，戴尔·卡耐基竟未加思索地，贸然说出他曾到新罕布夏州的康科特，去凭吊她的故居。如果卡耐基只提到新罕布夏一次，可能还会得到谅解。但是，老天！真可叹！卡耐基竟然说了两次。无数的信件、电报、短函涌进他的办公室，像一群大黄蜂，在戴尔·卡耐基这完全没有设防的头部绕着打转。多数是愤慨不平，有一些则侮辱他。一位名叫卡洛妮亚·达姆的女士，她从小在马萨诸塞州的康科特长大，当时住在费城，她把冷酷的怒气全部发泄在卡耐基身上。如果有人指称艾尔科特小姐是来自新几内亚的食人族，她大概也不会更生气了，因为她的怒气实在已达到极点。卡耐基一

面读她的信，一面对自己说："感谢上帝，我并没有娶这个女人。"卡耐基真想写信告诉她，虽然自己在地理上犯了一个错误，但她在普通礼节上犯了更大的错误。这将是他信上开头的两句话。于是卡耐基准备卷起袖子，把自己真正的想法告诉她。但最终他没有那样做。他控制住自己。他明白，任何一位急躁的傻子，都会那么做——而大部分的傻子只会那么做。

他要比傻瓜更高一等。因此卡耐基决定试着把她的敌意改变成善意。这将是一项挑战，一种他可以玩玩的游戏。卡耐基对自己说："毕竟，如果我是她，我的感受也可能跟她的一样。"于是，卡耐基决定同意她的观点。当他到费城的时候，就打电话给她。他们谈话的内容大致如下：

卡：夫人，几个礼拜以前您写了一封信给我，我希望向您致谢。

达：（有深度、有教养、有礼貌的口吻）是哪一位，我有此荣幸和您说话？

卡：您认识我。我名叫戴尔·卡耐基，在几个星期以前，您听过我一篇有关路易莎·梅·奥尔科特的广播演说。我犯了一个不可原谅的错误，竟说她住在新罕布夏州的康科特。这是一个很笨的错误，我想为此道歉。您真好，肯花那么多时间写信指正我。

达：卡耐基先生，我写了那封信，很抱歉，我只是一时发了脾气。我必须向您道歉。

卡：不！不！该道歉的不是您，而是我。任何一个小学生都不会犯我那种错误。在那次以后的第二个星期日，我在广播中道歉过了，现在我想亲自向您道歉。

达：我是在马萨诸塞州的康科特出生的。两个世纪以来，我家族里的人都会参与马萨诸塞州的重要大事，我很为我的家乡感到骄傲。因此，当我听你说奥尔科特小姐是出生在新罕布夏时，我真是太伤心了。不过，我很惭愧我写了那封信。

卡：我敢保证，您伤心的程度，一定不及我的十分之一。我的错误并没伤害到马萨诸塞州，但却使我大为伤心。像您这种地位及文化背景的人士很难得写信给电台，如果您在我的广播中再度发现错误，希望您再写信来指正。

达：您知道吗，我真的很高兴您接受了我的批评。您一定是个大好人。我乐于和您交个朋友。

因此，由于卡耐基向她道歉并同意她的观点，使得达姆夫人也向他道歉，并同意他的观点。卡耐基很满意，因为他成功地控制了怒气，并且以和善的态度，来回报一项侮辱。卡耐基终于使她喜欢自己，因此得到无穷尽更真实的乐趣。如果他当时怒气冲冲地叫她滚到一旁，跳到斯古吉尔河去自杀，那一切都免谈了。

记住卡耐基的行为吧，不要在争斗面前摆出一副不甘示弱的架势，也不要让无谓的争斗羁绊住你成功的脚步，只有同情和谅解才能有效地消除怒气，化解争斗。

能容纳世界，才能得到世界。那些富豪们之所以能呼风唤雨，就是因为他们懂得宽容，用宽容的习惯支配自己的行动，为他人也更为自己开启了许多方便之门。

与宽容相对的是狭隘。人们总是对自己曾经遭受的痛苦能忘怀。狭隘便是源于过去不愉快的记忆，人们之所以要记住过去的不愉快，就是要努力防止那些不愉快的事再度发生，避免再度受到伤害。如果一定要把过去的伤痛加诸于现在，那你便永远走不出过去的阴影，永远也抹不去曾经的伤痛，久而久之，便形成了你狭隘的心理习惯。法国有句谚语："原谅过去，才能释放自己。"一旦你能让那些不愉快的往事成为过去，原谅一切，你的生活将重现生机。

林肯被美国人誉为"英雄总统"，他善用宽容包容一切，因此赢得人们的尊重和景仰。早在林肯竞选总统期间，芝加哥人茅谭曾频频向他发出尖锐的批评，甚至刻薄的谩骂，为林肯当选为总统出了不少的"反力"。林肯在华盛顿为茅谭举行了一个欢迎会，茅谭因为过去的言论而不敢面对已经在竞选中获胜的总统林肯，远远地找了一个位置坐下了。林肯却很有风度地说："茅谭，那不是你坐的地方，你应该过来和我站在一块。"每个在欢迎会上的人都亲眼目睹了林肯赋予茅谭的殊荣，茅谭感激不尽。也正因为如此，茅谭后来成为林肯最忠诚、最热心的支持者。

当别人伤害你时，你记住的只能是事情，而不应该是仇恨。记住事情你便有了前车之鉴，不记仇恨你才能忘记忧愁。

一位从日本战俘营里死里逃生的人，去拜访另一个当时关在一起后来也幸运逃脱的难友，他问这位朋友：

"你已原谅那群残暴的家伙了吗？"

"是的，我早已原谅他们了。"

"我可是一点都没有原谅他们，我恨透他们了，这些坏蛋害得我家破人亡，至今想起仍让我咬牙切齿，恨不得将他们千刀万剐！"

他的朋友听了之后，静静地说："若是这样，那他们仍监禁着你。"

朋友的话让他理解了宽容，他终于走出了战争的阴影，成为一个健康快乐的人。

宽容是一种胸怀，是一个良好的习惯，它是对现实生活中的不愉快所作出的让步。当然，宽容不等于姑息，不是无原则的迁就，姑息、迁就只能使错误继续错下去，使误解继续加深，让不满一步一步积蓄成仇恨。

知识链接

戴尔·卡耐基

戴尔·卡耐基（1888—1955），出生于美国密苏里州玛丽维尔附近的一个小镇。美国著名人际关系学大师，美国现代成人教育之父，西方现代人际关系教育的奠基人，被誉为"20世纪最伟大的心灵导师和成功学大师"。1936年出版《人性的弱点》，作品问世以来一直被西方世界视为社交技巧的圣经之一。

卡耐基主要代表作有：《沟通的艺术》《人性的弱点》《人性的优点》《快乐的人生》《伟大的人物》《语言的突破》《美好的人生》《林肯传》《人性的光辉》等。

2. 宽容豁达具有巨大的力量

1863年1月8日，恩格斯怀着十分悲痛的心情，把妻子病逝的消息，写信告诉了马克思。

过了几天，他收到了马克思的回信。信的开头写道："关于玛丽的噩耗使我感到极为意外，也极为震惊。"接着，笔锋一转，就说自己陷于怎样的困境。往后，也没有什么安慰的话。

"太不像话了！这么冷冰冰的态度，哪像二十年的老朋友！"恩格斯看完信，越想越生气。过了几天，他给马克思去了一封信，发了一通火，最后干脆写上："那就听便吧！"

"二十年的友谊发生裂痕！"看了恩格斯的信，马克思的心里像压了一块大石头那样沉重。他感到自己写那封信是个大错，而现在又不是马上能解释得清楚的时候。过了十天，他想老朋友"冷静"一些了，就写信认了错，解释了情况，表白了自己的心情。

坦率和真诚，使友谊的裂痕弥合了，疙瘩解开了。恩格斯在接到马克思来信之后，以愉悦的心情立即回了信。他在信中说："你最近的这封信已经把前一封信所留下的印象清除了，而且我感到高兴的是，我没有在失去玛丽的同时再失去自己最老的和最好的朋友。"

在日常生活中，当自己的利益和别人的利益发生冲突，友谊和利益不可兼得时，首先要考虑采取豁达宽容的态度，舍利取义，宁愿自己吃一点亏。郑板桥曾说过："吃亏是福。"这决不是阿Q式的精神自慰，而是一生阅历的高度概括和总结。

清朝时有两家邻居因一道墙的归属问题发生争执，欲打官司。其中一家想求助于在京当大官的亲属张英帮忙。张英没有出面干涉这件事，只是给家里写了一封信，力劝家人放弃争执。信中有这样几句话："千里求书只为墙，让他三尺又何妨？万里长城今犹在，不见当年秦始皇。"家人听从了他的话，这下使邻居也觉得不好意思，两家终于握手言欢，反而由你死我活的争执变成了真心实意的谦让。《菜根谭》中讲："路径窄处留一步，与人行；滋味浓的减三分，让人嗜。此是涉世一极乐法。"可谓深得处世的奥妙。

　　林则徐有一句名言："海纳百川，有容乃大。"与人相处，有一分退让，就受一分益；吃一分亏，就积一分福。相反，存一分骄，就多一分挫辱；占一分便宜，就招一次灾祸。

　　古人说："利人就是利己，亏人就是亏己，让人就是让己，害人就是害己。所以说：君子以让人为上策。""退己而让人，约束自己而丰厚他人；所以群众乐于被用，而所得是平时的几倍。"所以说，"谦逊辞让，作为德的首位。"

　　一个人，对于事业上的失败，能自认这方面的错误，就能让人感德；在有成就时，能让功于他人，就能让人感恩。老子说："事业成功了而不能居功。"不仅让功要这样，对待善也要让善，对待得也要让得。凡是坏处就归于自己，好处都归于他人。他人得到名，我得到他这个人；他人得到利，我得到他这颗心。二者之间，轻重怎样？明眼人一看，就知道分寸了。

　　让人为上，吃亏是福。所以曾国藩说："敬以持躬，让以待。敬就要小心翼翼，事情不分大小，都不敢忽视。让，就什么事都留有余地，有功不独居，有错不推诿。念念不忘这两句话，就能长期履行大任，福祚无量。"

　　在日常生活中，难免会发生这样的事：亲密无间的朋友，无意或有意做了伤害你的事。你是宽容他，还是从此分手，或待机报复？有句话叫"以牙还牙"，分手或报复似乎更符合人的本能心理。但这样做了，怨会越结越深，仇会越积越多，真是冤冤相报何时了。如果你在切肤之痛后，采取别人难以想象的态度，宽容对方，表现出别人难以达到的襟怀，你的形象瞬时就会高大起来，你的宽宏大量、光明磊落使你的精神达到了一个新的境界，你的人格折射出高尚的光彩。宽容，作为一种美德受到了人们的推崇，作为一种人际交往的心理因素也越来越受到人们的重视和青睐。

　　宽容是解除疙瘩的最佳良药，宽广胸襟是交友的上乘之道，宽容能使你赢得朋友和友谊。

　　一般人总认为，做了错事得到报应才算公平。但英国诗人济慈说："人们应该彼此容忍，每个人都有缺点，在他最薄弱的方面，每个人都能被切割捣碎。"每个人都有弱点与缺陷，都可能犯下这样那样的错误。作为肇事者要竭力避免伤害他人，但作为当事人要以博大胸怀宽容对方，避免怨恨消极情绪的产生，消除人为的紧张，愈合身心的创伤。

知识链接

菜根谭

　　《菜根谭》是明朝道人洪应明整理编著的一部作品，其主要内容是论述修养、人生、处世、出世的语录集，为旷古稀世的奇珍宝训。对于人们在日常生活和工作中的正心修身、养性育德，有不可思议的潜移默化的力量。这一通俗读物具有儒道相结合的精神内核，和万古不易的做人传世之道。其文字简炼明隽，雅俗共赏。

3. 宽容别人就是解脱自己

　　宽容是一种处世哲学，宽容也是人的一种较高的思想境界。学会宽容别人，也就懂得了解脱自己。

　　不论你用什么方式指责别人，都直接打击了他的智慧、判断力、荣耀和自尊心。这会使他想反击，但绝不会使他改变心意。即使你搬出所有的柏拉图或康德的逻辑，也改变不了他的看法，因为你伤了他的感情。

　　所以，永远不要这样开场："好，我证明给你看。"这句话等于是说："我比你更聪明。我要告诉你一些事，使你改变看法。"

　　这是一种挑战，会挑起争端，在你尚未开始之前，对方已经准备迎战了。

　　即使在最温和的情况下，要改变别人的主意也不容易。

　　如果有人说了一句你认为错误的话，即使你知道是错的也应虚心接受；然后，用探讨的语气提出自己的观点，这样就会产生奇特的效果。

　　我们多数人都有武断、偏见的毛病，我们多数人都具有固执、嫉妒、猜忌、恐惧和傲慢的缺点。因此，如果你很想指出别人犯的错误时，请读一读下面摘自哈维·罗宾森的《下决心的过程》一书中的一段话："我们有时会在毫无抗拒或被热情淹没的情形下改变自己的想法，但是如果有人说我们错了，反而会使我们迁怒于对方，更固执己见。我们会毫无根据地形成自己的想法，但如果有人不同意我们的想法时，我们反而会全心全意维护自己的想法。显然不是那些想法对我们珍贵，而是我们的自尊心受到了威胁……"

当自己在说"不"、心里同时想着的也是"不"时，身体是处在怎样的一种状态？那大概会是整个的身体组织，从内分泌到神经再到肌肉，全部收缩、凝聚成一种抗拒状态，一种拒绝接受的状态。当然，情况若是相反，说着"是"、心里的本意也确为"是"时，就没有这种收缩现象发生，身体组织呈现的将是前进、接受和开放的状态。

当我们错的时候，也许会对自己承认。而如果对方处理得很巧妙而且和善可亲，我们也会对别人承认，甚至以自己的坦白率直而自豪。

换句话说，不要跟你的顾客或对手争辩。别说他错了，也不要刺激他，而要运用一点外交手腕。因此，如果你要使别人同意你，切记："尊重别人的意见。切勿指出对方错了。"

有一个国外案例说的是，一位名叫卡尔的卖砖商人，由于另一位对手的竞争而陷入困难之中。对方在他的经销区域内定期走访建筑师与承包商，告诉他们：卡尔的公司不可靠，他的砖块不好，其生意也面临即将歇业的境地。

卡尔对别人解释说，他并不认为对手会严重伤害到他的生意。但是这件麻烦

事使他心中生出无名之火，真想"用一块砖来敲碎那人肥胖的脑袋作为发泄"。

"有一个星期天的早晨，"卡尔说，"牧师讲道的主题是：要施恩给那些故意跟你为难的人。我把每一个字都吸收下来。就在上个星期五，我的竞争者使我失去了一份25万块砖的订单。但是，牧师却教我们要以德报怨，化敌为友，而且他举了很多例子来证明他的理论。当天下午，我在安排下周日程表时，发现住在弗吉尼亚州的我的一位顾客，正因为盖一间办公大楼而需要一批砖，而所指定的砖的型号却不是我们公司制造供应的，但与我竞争对手出售的产品很类似。同时，我也确定那位满嘴胡言的竞争者完全不知道有这笔生意。"

这使卡尔感到为难，是需要遵从牧师的忠告，告诉给对手这项生意，还是按自己的意思去做，让对方永远也得不到这笔生意？

卡尔的内心挣扎了一段时间，牧师的忠告一直盘踞在他心里。最后，也许是因为很想证实牧师是错的，他拿起电话拨到竞争对手家里。接电话的正是那个对手本人，当时他拿着电话，难堪得一句话也说不出来。但卡尔还是礼貌地直接告诉他有关弗吉尼亚州的那笔生意。结果，那个对手很是感激卡尔。

卡尔说："我得到了惊人的结果，他不但停止散布有关我的谣言，而且甚至还把他无法处理的一些生意转给我做。"

以德报怨，化敌为友。这就是迎战那些终日想要让你难堪的人所能采用的上上策。

4. 理解他人

宽容意味理解和通融，是融合人际关系的催化剂，是友谊之桥的紧固剂。宽容具有这样巨大的力量，我们应该怎样培养这种宽容的性格特点，去理解别人呢？

（1）对伤害了自己的人表示友好

宽容是一种博大，是一种境界，是一种优良的人格体现，对曾经有意无意伤害过自己的人要有宽容的精神。这样做虽然困难，但更能反映出你的宽大胸怀和雍容大度。用你的体谅、关怀、宽容对待曾经伤害过你的人，使他感受到你的真诚和温暖。也许有人会说，宽容别人是否证明自己放弃原则，太软弱了？其实宽容是坚强的表现，是思想的升华。

（2）容忍并接受他人的观点

人们都希望和那些懂得容忍自己的人相处而不希望和那些时刻要对自己说三道四、横挑竖拣的人待在一起。专门找别人岔子，动辄教训别人的"批评家"估计不会有什么朋友。根据自己所确立的伦理和宗教方面的严格标准去要求别人投自己所好的人，谁见了都会退避三舍；而那些能容忍和喜欢别人以本来面目出现的人们，往往具有感动人和促使人积极向上的力量。当你想和朋友友好相处时要尊重对方的人格和优点，容忍对方的弱点和缺陷，切莫试图去指责或改变对方。

（3）发现和承认他人的价值

容忍他人的不足和缺点比较容易，而困难的是发现和承认他人的价值，这是一种更为积极的人生态度。每个人只要乐于寻找，一定能找出他人身上许许多多优点和长处，能发现和承认他人的长处，那就实现了人生价值的全部意义。只有既能容人之短，又能容人之长，才更显出胸怀的宽阔、人格的高尚。

5. 如何纠正心胸狭隘的心理

心胸开阔也就是有一种包容精神，是对人对事宽容、不狭隘、不固执、不产生不良情绪的一种心理状态。心胸开阔的人往往有远大的理想、丰富的见识和宽大的气度，心胸开阔的人比心胸狭隘的人学习更好、生活更好、朋友更多，做事也更易成功。

但是，很多孩子在成长的过程中，由于受多方面因素影响而形成的狭隘心理已经严重影响了他们的学习和交往，成为其身心发展的障碍。心胸狭隘之人由于气量小，在学习和交往中也极易出现矛盾和冲突。

一个读小学四年级，年仅10岁的小姑娘叫陈芳。她平时很争气，很要强，二年级就担任了班干部，三年级做了少先队大队长，平时门门功课名列前茅，活泼、开朗、能歌善舞，亲友邻居、老师同学都很喜欢她。

"六一"儿童节，学校组织节日旅游，每个同学要交100元费用。她向父亲要钱，父亲对她说："我们厂子不景气，一个月才收入几百元钱？你能不能和老师说说，能不去咱就不去了。"

陈芳立即掉泪了："那多没有面子呀。"

心烦的老爸回了她一句："你说是面子重要还是命重要？100元，够咱们一个星期的生活费了。"

就仅仅因为这一句话，她趁父亲午睡，竟悄悄走到后阳台，从六楼纵身而下……一朵娇艳无比的花就这么被"狭隘"摧残掉了！

狭隘心理是许多不良个性的根源，嫉妒、猜疑、孤僻、神经质等不良表现都源于狭隘心理。目前，学生中普遍存在着心理素质脆弱的现象，究其根源也是心眼小，心胸狭隘。他们只听得好而听不得坏，只能接受成功而不能接受失败，稍遇挫折、坎坷和不如意，就出现过激行为，导致对自己、对他人造成伤害，给家庭和社会带来损失。

学生的狭隘心理的具体表现为：

思想狭隘，认识偏激。心胸狭隘和见识少

密切相连，学生由于年龄小，阅历浅，接触社会的机会较少，头脑中积累的知识和经验少，很容易出现认识上的片面性，看问题绝对化和极端化。偏激认识一旦产生，就固执己见，容不下有悖于自己观点的人和事，稍不如意就生气，导致情绪上的冲动和行为上的莽撞。有的把攻击对象指向自己，出现自卑、自伤等行为；有的把攻击对象指向别人，导致伤人的过激行为。学生中的拉帮结伙、打架斗殴、离家出走等行为都有这方面的原因。

行为狭隘，交往面窄。狭隘和自私好似"孪生姐妹"。狭隘的人把目光投向自己，他们唯我独尊，固执己见，时时处处都从自己的利益出发，在交往中更是极力排斥"异己"，结果落得门庭冷落。心胸狭隘之人容不下别人比自己强，嫉妒超过自己的人，他们只愿意和不如自己的人交往，其结果导致自负心理的增强和交际圈的大大缩小，必然会带来孤独、寂寞和空虚的困扰。而孤僻、猜疑等不良心态是形成心胸狭隘的主要因素。由于缺乏同学、朋友之间的友谊与欢乐，交往需要得不到满足，内心苦闷、压抑、沮丧，感受不到人世间的温暖，看不到生活的美好，导致消沉、颓废；由于对周围人产生厌烦、鄙视或戒备心理，容易导致无中生有、无事生非、疑心重重。长此以往，自负、嫉妒、孤僻、猜疑等不良心态的消极积累，使原本狭隘的心胸更为狭隘，偏激的认识更为偏激，个性缺陷恶性膨胀，容易导致心理障碍、心理疾病的产生。

但狭隘心理并不是从娘胎里带来的，它的产生主要在于后天的原因。

首先，封闭的生存环境最容易导致人的心胸狭隘。心理是对客观现实的能动反映，人的性格、品格都是主体同环境互相影响的结果。人与环境的交流越多、越广泛，人的开放程度越大，心胸越开阔；一个人越是生活在封闭、抑郁的环境里，同外界的交流越少，思想、胸怀也就越容易狭隘。狭窄的空间范围塑造出狭窄的心胸，过少知识经验的输入导致偏激的认识。

目前的孩子多数是独生子女，在家中是"小皇帝""小太阳"。父母望子成龙、望女成凤心切，早在学前阶段就教孩子学外语、弹钢琴、学绘画、背唐诗。过重的压力，繁多的"学业"几乎将孩子天真烂漫、敞开胸怀接受大自然和社会影响的机会全部挤掉。在狭小单调的空间里，他们缺乏和同龄小伙伴嬉戏、追逐、游玩，缺乏与兄弟姐妹一起生活学习的机会。无论是玩具、糖果，还是父母的宠爱，他们都完全独占，因而，很难培养出"谦让""爱别人""互相帮助""与别人合作"等精神。他们不懂与别人分享的乐趣。他们心目中只有自己，极易形成唯我独尊、以自我为中心的狭隘自私的性格。

入学之后，在父母"殷切期望"的砝码之上，又加上了老师的"谆谆教导"，双重压力使孩子的目光中只有"高分数""第一名"。为了这些，学生放弃了班务工作，放弃了课外活动，放弃了电影、电视，放弃了适当的家务劳动，放弃了同学之间的互相帮助。总之，为了登上金字塔尖可以放弃一切。诸多的放弃使孩子的生活空间大大缩小，最后只能退缩在作业、练习、书本之中。长此以往，学生知识结构残缺，眼界狭窄，个性偏激，心胸狭隘，人情冷漠，心理处于失衡状态。失衡心态又极易造成"意识狭窄"，出现狭隘的思维。

学生为追求"第一名"而表现出的孤注一掷，为取得高分数而付出的全身心的努力，又使他们极为担心失败，害怕挫折。为此，他们嫉妒超过自己的人，敌视与自己展开竞争的人，一方面为维护自己心目中完美的自我形象而表现出自负；另一方面又为自己现实中的不完美而深感自卑，为掩盖自己的欠缺而自我封闭，为防止别人的进步对自己构成威胁与伤害而担忧、猜疑。虽然竭尽全力，虽然长期经受着多种矛盾、冲突的吞噬与煎熬，却也总达不到十全十美的境界。于是，身心失衡，认识偏激，稍不如意即暴躁易怒，带有强烈的神经质特点。

其次，家长的性格特点及教养方式也是导致孩子形成狭隘心理的原因之一。家庭是社会的基本单位，父母是孩子的第一任老师。社会意识、道德观念首先通过家庭影响儿童性格的形成。父母对孩子言传身教，赏罚褒贬，对他们的世界观、信仰、思想作风、接物待人的态度都具有极大的影响。而对于缺乏选择性的儿童来说，对父母的作风兼收并蓄的结果，最终导致其沦为父母的翻版。一个人如果从小就生活在"拔一毛而利天下之不为也"的家庭里，接受父母所谓"为人只说三分话，不可全抛一片心"的教育，以"各人自扫门前雪，莫管他人瓦上霜"为人生信条，那么，他必定是心胸狭隘的。

再就是认识上的挫折经历让孩子形成狭隘心理。孩子阅历浅，经验少，生活条件优越，成长过程顺利，平时受父母保护较多，缺乏社会生活的锻炼，缺乏独立安排的机会，初次遇到问题，容易把问题想得过于简单，把解决问题的过程想得过于顺利，以一种"初生牛犊不怕虎"的姿态参与实践，免不了出现貌似"果断"的言语和行为。由于缺乏深思熟虑，做出的决定虽然快，但是不准，容易带来挫折和失败。孩子经验的缺乏，认识的偏激，情绪的冲动又使他把一时的挫折和失败无限夸大，出现"一朝被蛇咬，十年怕井绳"的心态，变得顾虑重重，畏首畏尾。再遇问题，则把事情想得过于困难、复杂，对自己的能力估计不足，对事情感到无能为力。而平时养成的"事事争第一，处处要赞誉"的好胜心理又使其在害怕老师的失望、同学的嘲笑和家长的斥责的同时，不得不打肿脸充胖子，其结果必然是紧张、焦虑，甚至恐惧。

有一项调查结果也说明了这一点。对全国近3000名大、中学生的调查发现，42.73%的学生"做事情容易紧张"，55.92%的学生"对一些小事情过分担忧"。这都说明了学生由于见识少、阅历浅、认识偏激，把挫折、困难扩大化，导致害怕失败的脆弱、狭隘心理。

中国学生狭隘心理的形成有家庭教育的不良影响，也有学校教育的不良刺激。但我们不能倒转历史，重新接受完美的家庭和学校教育，只能从实际出发，立足现实，把握好教育这一关键阶段，力求纠正和克服他们的狭隘心理，让他们变得心胸开阔起来。具体做法可以参考如下这几点。

（1）要加强孩子的人生观教育

使学生明白一个人活在世上，就要充分挖掘生命的潜能，为社会作出贡献，给别人、给后人留下点有价值的东西。有了远虑则无近忧，把眼光放得远一些，自己一时的得失就算不上什么了。引导学生把眼光放远、心胸拓宽，事事从长远考虑，处处以集体为重，对整体、全局有利的人与事就能容忍和接受了。总之，引导孩子把眼光从狭隘的个人小圈子放出去，抛开"自我中心"，就不会遇事斤斤计较，"心底无私"就能"天地宽"。

（2）要提高家长素质，优化家庭教育

家长担负着抚养、教育子女的责任，在对孩子言传身教的过程中影响着子女的性格。因此，家长要给子女提供模仿的榜样，必须首先优化自己的性格，给子

女以良好的熏陶和感染。家庭教育力求采用民主型教育方式，养成子女诚实、开朗、团结协作、亲切友好的优良性格。

父母最好不要在子女面前以自己的眼光议论其他孩子的缺点，这样容易让子女对其他孩子过于挑剔。相反，父母要尽可能表扬其他孩子的优点，让子女明白每个人都是有可取之处的。不要使自己的孩子产生一种以自己为中心的思想，这非常不利于孩子的性格培养。

父母尤其不要对某些人和事物有偏见，更不要把这些偏见在孩子面前表露出来，从而让孩子在潜意识里也受到这种偏见的影响，而对这些人和事物有偏激的看法。

当孩子的小伙伴来自己家里时，父母对其他孩子的态度不要过分冷落，也不要过分热情，尤其要教育孩子尊重小伙伴，让孩子平等地与人交往。

（3）教育孩子加强与他人之间的交往，摆正自我位置

前面已经分析，狭隘心理往往是与"个体与环境间缺乏交流"相关的。交流的缺乏，导致心胸的狭隘；而狭隘的心胸，又造成自我封闭，限制交往的开展。如此恶性循环，个性就在狭隘的坐标系统中进一步强化。

为此，校领导、老师、家长要努力创造多方面的条件，如开展郊游，组织讨论，增加学生之间、学生与老师、学生与家长、学生与社会间相互交流的机会，扩大学生的交际面，加深与外界的了解与沟通，更透彻地了解别人与自己，增长见识，拓宽心胸。坦诚的态度，宽阔的胸襟，必使得各方朋友互通信息，彼此交流，取长补短，查漏补缺，共同进步。

学校也应该实施素质教育，努力丰富学生的课余文化生活。组织多种多样的文娱、体育活动，拓宽兴趣范围，在丰富多彩的活动中，在彼此广泛的交往中，使学生感受生活、学习中的新鲜刺激，感受到生活的美好，增强审美情趣，陶冶性情，净化心灵。在健康向上的氛围中，增强精神寄托，丰富心理内容，塑造良好的个性品质。

6. 别为小事结下一生的死结

　　人生难免会遇上个沟沟坎坎，有时候，一件特别小的事情如果不能释怀，可能就会使你长期戴上痛苦的紧箍咒，影响到自己的生活状态。

　　有一对双胞胎兄弟，父亲过世后，兄弟俩接手共同经营父亲留下的商店。刚开始的时候，一切都很顺利，兄弟俩齐心协力，把小店打理得井井有条。可是，有一天，一元美金丢失了。于是，一切都发生了变化。

　　原来，哥哥将一元美金放进收银机后，就与顾客外出办事。当他回到店里时，突然发现收银机里面的钱已经不见了！他问弟弟："你有没有看到收银机里面的钱？"

　　弟弟回答说："我没有看到。"但是哥哥却咄咄逼人地追问，不愿就此罢休。哥哥说："钱不会长了腿跑掉的，我认为你一定看见过这一元钱。"语气中隐约地带有强烈的质疑。弟弟委屈万分，见哥哥不信任自己，怨恨之情油然而生。

　　就这样，手足之情出现了裂痕，兄弟俩内心产生了严重的隔阂。双方都对此事一直耿耿于怀，开始不愿交谈，后来决定不在一起生活，他们在商店中间砌起了一道砖墙，从此分居而立。

　　20年过去了，敌意与痛苦与日俱增，这样的气氛也感染了双方的家庭与整个社区。一天，有位开着外地车牌汽车的男子在哥哥的店门口停下。他走进店里问道："您在这个店里工作多久了？"哥哥回答说他这辈子都在这店里服务。

　　这位客人说："我必须要告诉您一件往事。20年前我还是个不务正业的流浪汉，一天流浪到这个镇上，已经好几天没有进食了，我偷偷地从您这家店的后门溜进来，并且将收银机里面的一元钱取走了。虽然时过境迁，但对这件事情一直无法忘怀。一元钱虽然是个小数目，但是我深受良心的谴责，必须回到这里来请求您的原谅。"

　　当说完原委后，这位访客很惊讶地发现店主已经热泪盈眶，并用语带哽咽的音调请求他："您是否也能到隔壁商店将故事再说一次呢？"当这位陌生男子到隔壁说完故事以后，他惊愕地看到两位面貌相像的中年男子，在商店门口痛哭失声、相拥而泣。

　　20年的时间，由于误解带来的怨恨终于被化解，兄弟之间存在的对立也因而消失。可是，20年，这么长时间的痛苦和烦恼谁能补偿。仅仅因为一元钱啊！丧失了兄弟亲情，丧失了多少和睦与美好，还给双方家庭带来无尽的烦恼。

　　为一点小事结下一生的死结，生活中这种情况实在是太多了。生活中的你我，千万不要等到生活的谜底翻开时才后悔莫及。学会宽容地对待身边的一切吧！宽容别人，其实就等于是宽容自己。

　　人生需要谅解，生命需要宽容。别让怨恨积郁彼此的心口，莫让感情的旧债成为一生的死结。谅解是泉源，能洗刷被焦躁、怨恨和复仇裹挟的心田；谅解是火炬，能照亮人们美好人生的前进道路。

第十章
培养勇敢和
敢于冒险的性格

1. 敢于冒险是强者的标志

　　具有冒险型性格的人喜欢体育运动，爱玩刺激性的游戏，经常放在床头的书是恐怖故事和探险小说。

　　他们不喜欢按部就班、循规蹈矩地工作，敢于提出自己的猜测，哪怕没有充分的根据，宁肯冒犯错误的风险；他们不把自己束缚在一种技艺、一个题材、一门学科或者一种风格中，不怕逾越常规。

　　他们喜欢凭直觉处事，在艰险和困难面前，他们酷似开拓者，有着随时准备以自己的才智迎战并克服困难的精神状态。

　　具有这种性格特征的人，精神上充满活力，对环境的适应能力很强，易感受到新事物的出现，并且通过各种社交渠道，把信息传递给别人。他们对流行是比较敏感的，他们大多很在乎自己外在的形象，并且知道怎样才能使自己的外在形象达到最佳的效果。他们比较现实，在绝大多数时候，能够根据客观实际来协调和改变自己。他们能够把握自己的命运，对任何一件事情，都会积极主导着自己的生活，使之达到符合自己的要求。

　　在我们的传统民族性格中，对谨慎是十分推崇的。

　　谨慎，确实是我们办好事情的前提条件。"如临深渊，如履薄冰"，有了这种小心谨慎的态度，跌的跤就肯定要少一些。但是，在复杂多变的现代社会，未来的形势常常不是很明朗，过于强调小心谨慎，以至于处处谨小慎微，就会吓得我们不敢行动。因此，现代人既要有谨慎的性格，也要敢于冒险。

　　冒险，曾经是一个不怎么光彩的名词。头脑简单者，曾给这个词添上鲁莽的色彩；利欲熏心者，又曾给这个词添上投机的色彩。其实，冒险和成功常常是相伴的，尤其是现代，冒险精神更为竞争所必需。我国目前处于大力发展商品经济的时代，而冒险就是商品经济社会的一种时代精神。与传统的自然经济不同，在商品经济下，人们面临的是一个千变万化的市场，而不是一个静止不变的乡村与家庭。对商品生产者来说，他的每一项决策，每一次行动，既有成功的希望，也有失败的可能。正如马克思所说："交换不成功，摔坏的不是商品本身，就是商品生产者。"如果生产者不敢冒险，那他不仅失去了成功的希望，而且也免不了失败的结局。这是因为，商品经济就是一种竞争经济，竞争就是非胜即败。"逆水行舟，不进则退"，从这个意义上说，风险是不可避免的。不敢冒险，其实也是一种消极冒险。在市场经济中不可能完全克服经济因素中的自发因素，生产经营中的风险就是客观存在的。因此，不敢冒险的人就很难适应现代社会。

纵观历史，我们就会发现：一个民族的振兴，一个国家的繁荣，都与这个民族所具有的冒险精神分不开。冒险精神常常更能充分地体现一个民族的创业精神。可以说，没有一大批冒险家从事美国西部地区的开发，就不会有今天的美国。同时，历史经验也表明：如果缩手缩脚，即使有比别人更新的思想，也只能错过机会，成为过时的东西。在中世纪的欧洲，不就有许多怀有新颖思想和见解的学者，因为缺少勇气，而被神学禁锢了自己的创新成果吗？如果没有哥白尼、布鲁诺那样勇敢的科学家，荒诞的"地球中心说"不知要延续到何时。科学的巨大进步，社会的飞速发展，都需要有一批敢于冒险者充当开拓者。我们国家当前正处于一个改革和开拓创新的时代，这就更加需要冒险精神。

在很多情况下，强者之所以成为强者，就是因为他们敢为别人所不敢为。孙悟空之所以被群猴尊为"王"，就是因为他敢于第一个跳进群猴都不敢进的水帘洞，为群猴找到一个理想的栖身之所；诸葛亮敢于在大军压境之际，大摆空城之计，惊退司马懿，虽有计谋在胸，但若无几分冒险精神，也必定不敢为。马克思说："在科学上没有平坦的大道，只有那些不畏艰险、敢于攀登的人，才有希望达到光辉的顶点。"在生活中的各个方面都是这样的，沿着平安坦途走路的人，很少是创立大业的。平庸的人喜欢按部就班，安于无功无过；敢逾常规、敢冒风险的人，才有可能创造出瑰丽的业绩。

敢于冒险，就要坚决摒弃甘居平庸的心理。人生，应当如大海的波涛，既有高高的波峰，又有深深的波谷，在连绵不断的起伏跌宕中谱写激昂的人生之歌。没有风浪，平静如一潭死水的生活，又有多少荡人心魄的力量，有多少可以引起自豪的成分呢？对于强者来说，"无险不足以言勇"。因此，一个真正的强者，厌恶平淡无奇的生活，他们渴望冒险，希望在生活中掀起巨浪，喜欢充满传奇色彩的浪漫生活。从这个意义上说，敢不敢冒险，正是区别强者和弱者的标志之一。

要想冒险，就不要害怕失败。愈是称得上冒险的行为，失败的危险性就愈大。事物发展的客观规律一再证明，成功和失败像一对孪生兄弟，如果只许成功降临不许失败诞生，也就等于扼杀了成功。马克思早就指出，如果什么事情都要保险绝对成功才可去做，那么创造历史也就太容易了，天下哪有此等容易的事！所以，一个外国企业家一语中的地说："畏惧错误，就是毁灭进步。"

因此，一个人培养勇敢的精神，培养敢于冒险的习惯是非常必要的。

2. 胆怯者只能平庸生活

有这样一位女高音歌剧演员，她天生一付好嗓子，演技也非同一般，然而演来演去却尽演些最末等的角色。"我不想负主要演员之责，"她说，"让整个晚会的成败压在我的身上，观众们屏声息气地倾听我吐出的每一个音符。"其实这并非因为胆小，她只不过不愿认真想一想：如果真的失败了，可能出现什么情况，应采取什么样的补救办法。卓有绩效的人则不然，由于对应变策略——失败后究竟用什么方式挽救局势早已成竹在胸，他们敢于冒各种风险。一位公司总经理说："每当我采取某种重大行动的时候，就先给自己构思一份'惨败报告'，设想这样做可能带来的最坏结果，然后问问自己：'到那种地步，我还能生存吗？'大多数情况下，回答是肯定的，否则我就放弃这次冒险。"

生活中大部分人愿意停留在所谓"安全圈"内，无意于任何形式的冒险，即使这种生活过得庸庸碌碌、死水一潭也不在乎。

想要实现目标总是需要逆流而上的。追求它们会获得巨大的满足感，但是追求它们同样需要付出艰苦的努力。比起那些消极的、不鼓舞人的习惯的累积影响，你生命的目标或你的人生理想必须更强有力和更令人振奋。那些消极的东西常常使你回到那种安逸的生活道路上，也会带给你一个时常与其斗争却无法彻底打败它们的问题。这种阻滞自我超越实现的违背自己利益的设想就是"自我心理障碍"。它们是我们追求新的明天的主要障碍和重复守旧的主要理由。

自我心理障碍者总喜欢说下面的这种话，像"我们一直都是以这种方式来做的"或"在这种情况下我所做的已经尽力了"，诸如此类。这种普遍的想法会使他们遗漏另外一些可能性，就是他们可以用其他的办法来处理事情，以及他们可能有能力去改变周围的环境。

自我心理障碍是一种自己构建的障碍，根植他们对于未来的恐惧，而且会阻断那条有可能光明的路。

下面是一些自我心理障碍者的借口："我的安排时间的能力不可能达到一个很高的水平。""我无法掌握电脑软件，过去不行，现在不行，将来也不行。"自我心理障碍是一种会阻碍你学习新事物的顽固的习惯。如果一个推销员认为去了解客户如何去使用他的产品与服务不是他的责任的话，那么他永远不会知道是什么阻碍了他的产品在市场上腾飞。

自我心理障碍者是不知道如何有效工作、学习的典型。如果一个人完全了解他的老板对于他总是采用专业术语来表述的方式很反感，如果他同时也知道，假如他采用另一种方式来表达同样的内容会让上司满意的话，那他就没有理由不去采用后一种方法，从而他就会得到对他工作的良好的公正的评价。

自我心理障碍是我们没有让自己尽最大努力时的状况。我们面前总有两种选择：竭尽全力或是有所保留。选择前者意味着你将通向一个新的世界，建设自己的明天。选择后者的话，未来之门将会关闭，你只能一次次地重复你的过去。若你不去尝试一些新的东西，那么会怎么样呢？你的生活将一成不变，而最终你将一无所获！

自我心理障碍是你舒适的生活的上限。它是将平庸的生活和伟大的成就分隔开来的界限。如果你不能战胜自己的心理障碍，形势的发展将使你不可能进步。

自我心理障碍是致命的因素，这一点儿也不夸张。它会抹杀个人的成就感和完成任务的欲望。另外，如果我们不能及时地意识到它并采取行动去消灭它的话，这种心理障碍会随着时间的推移而变得越来越严重。一次又一次地重复过去会令我们没有办法挖掘我们尚存的潜力。换句话说：坏习惯会不断地变得强大，以至于影响你在人生的重大问题上发生错误。一旦你消极地屈服于生命中的自我心理障碍，你的生活从此将不再完整。一旦你放弃努力改变现状的可能，一旦你决定去重复过去而放弃美好的未来，从那时起你的生命将失去它真正的意义。

3. 不敢冒险者的性格特征

不敢冒险者往往看着大好的机会一次次流失，他们往往有一些共同的特征。

（1）过分谨慎

这种性格的好处是稳重谨慎、少犯错误，久而久之便会变成因循苟且、得过且过，表现为"不求有功，但求无过"，不敢创新，凡事落在他人后面，甚至抗拒创新。

（2）胆怯畏缩

害怕和别人不同，害怕批评，害怕犯错，不敢坚持己见，容易向压力低头，压抑自己。

（3）犹豫不决

事情已是明明白白，很容易做出决定，但或进或退，做或不做，仍反复思虑，犹豫不决，始终拿不定主意。

（4）行动过于拘谨

过分谨慎，把无关紧要的细节放大，错误地夸张了细节的重要性，凡事步步为营，不敢放手大干。

（5）拖延

今天应做的事推到明天，事情到了最后一刻才做出决定，被形势牵着鼻子走，自然落在形势的后头。

（6）自我挫败

满脑子充满以下的思想："我是不行的了！""做也没有用！""做跟不做没有区别。"事情未开始，先已判定了失败，这是拖自己的后腿，是缺乏自信的表现。

（7）故步自封

不肯虚心接受意见和批评，不肯求变、求新，因为自觉已做到最好无需要改动。自己把大门关上，不去看看世界有多大，事物有多奇。

（8）目光短浅

处事小心眼，只看眼前利益，只关心细枝末节，在小事上斤斤计较。处事又拖拖拉拉，不够爽快。

青少年为了培养勇敢和敢于冒险的品格，必须要努力克服以上性格缺陷，使自己逐渐成熟、强大起来。

4. 恰当的冒险不是蛮干

每个人都希望能抓住一个机会，使自己生活得更好，不管改变的是生活形态、我们的性格还是人际关系。如果我们从不冒险一试，那我们的一生也不过随波逐流，随时等着大浪把我们打下去。

而且，对许多人来说，平平顺顺的生活简直乏味得难受。偶尔不按牌理出牌，

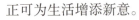

正可为生活增添新意。

　　人生每个层面多少都带着一点冒险：健康、人际关系、生意、谋职等都是。冒险并不是作了什么天大的抉择，而是咬紧牙关，不管多么困难，一心要有赢的决心。生活的趣味也源自于此。

　　从另一个角度来说，每个人的每一天都面临着冒险，除非我们永远扎根在一个点上原地不动。的确，当冒险的结果不太令人满意的时候，人们常常会说："还是躺在床上保险。"

　　有很多人似乎都习惯于"躺在床上"过一辈子，因为他们从来不愿去冒险，不管是在生活中，还是在事业上。但是，当我们横穿马路的时候，实际上总是有着被车撞倒的危险；当我们在海里游泳的时候，也同样有着被卷入逆流或激浪的危险。尽管统计数字表明坐飞机比乘汽车要安全一些，但我们的每一次飞行仍然包含着风险，毕竟我们必须依赖于飞机牢固的构造及其良好的性能；如果不是由自己驾驶的话，我们还必须寄希望于飞行员和整个机组。总之，任何地方的旅行都潜藏着风险，小到丢失自己的行李，大到作为人质，被劫持到世界的某个遥远角落。

　　自有文字记载以来，冒险总是和人类紧紧相连。虽然火山喷发时所产生的大量火山灰掩埋了整个村镇，虽然肆虐的洪水冲走了房屋和财产，但人们仍然愿意回去继续生活，重建家园。飓风、地震、台风、龙卷风、泥石流，以及其他所有的自然灾害都无法阻止人类一次又一次勇敢地面对可能重现的危险。

　　有一句老话叫做"一个人不懂得悲伤，就不可能懂得欢乐"。同样，我们也可以说"没有冒险的生活是毫无意义的生活"。事实上，我们总是处在这样那样的冒险境地，因为我们别无选择。我们必须要横穿马路才能走到另一边去；我们也必须依靠汽车、飞机或轮船之类的交通工具才能从一个地方快速到达另一个地方。但是，这并不意味着所有的冒险都毫无区别，恰当的冒险与愚蠢的冒险有着明显的不同。

如果我们想做一个生意上的冒险者，如果我们渴望成功，我们就应该分清这两种类型的冒险之间到底有什么样的差异。一位成功的推销员说过："举例来说，那种只在腰间系一根橡皮绳，就从大桥或高楼上纵身跳下的做法是一种愚蠢的冒险，即使有人很喜欢那样做。同样，所谓的特技跳伞，所谓的钻进圆木桶漂流尼亚加拉大瀑布，所谓的驾驶摩托车飞越并排停放的许多辆汽车，在我看来，都是愚蠢的冒险，只有那些鲁莽的人才会干这种事情。尽管我知道有人不同意我的看法（包括杂技团表演走钢丝或荡高空秋千的艺术家们）。那么，什么是恰当的冒险呢？比如，职员走进老板的办公室，要求增加薪水，这就是一种恰当的冒险。他可能会得到加薪，也可能不会，但'没有冒险，就没有收获'。"

一个人放弃高薪，转做一份收入较低的工作（因为后者有更加光明的发展前景）也是一种恰当的冒险。他也许能找到这样的新工作，也许找不到；他也许后悔离开了原来的位置。但是如果他安于现状，他永远也不会知道是否可以有一个更好的明天，除非他敢于冒险。

无论在事业或生活的任何方面，我们都可能需要尝试恰当的冒险。当然，在冒险之前，我们必须清楚地认识那是一种什么样的冒险，必须认真权衡得失——时间、金钱、精力以及其他牺牲或让步。

记住，我们崇尚的冒险不是蛮干，而是恰当的冒险。

5. 剔除害怕冒险的心理障碍

我们应该尽我们自己最大的努力去剔除害怕冒险的心理障碍。这意味着我们要去增强自己和他人的信心，还要从生活的各个方面深化我们的整体感和大局观，并加强判断力以使自己始终处于正确的前进方向上。

那么怎样剔除害怕冒险的心理障碍，培养敢于冒险的习惯呢？

（1）积极尝试新事物

在生活中，由无聊、重复、单调而产生的寂寞会逐渐腐蚀人的心灵。相反，消除一些单调的常规因素倒会使我们避免精神崩溃。积极尝试新事物，能使一蹶不振、灰心失望的人重新恢复生活的勇气，重新把握住生活的主动权。

（2）尝试做一些自己不喜欢做的事

屈从于他人意愿和一些刻板的清规戒律，已成为缺乏自信者的习惯，以至于使他们误以为自己生来就喜欢某些东西，而不喜欢另一些东西。应该认识到，我们之所以每天都在重复自己是由于我们的懦弱和没有主见才养成的恶习。如果我们尝试做一些自己原来不喜欢做的事，就会品尝到一种全新的乐趣，从而慢慢地从老习惯中摆脱出来。

（3）不要总是定计划

缺乏自信的人相应的缺乏安全感，凡事希望稳妥保险。然而人的一生是根本无法定出所谓清晰的计划的，其中有许多偶然的因素在发生作用。有条理并不能给人带来幸福，生活的火花往往是在偶然的机遇和奇特的直观感觉中迸发出来的，只有欣赏并努力捕捉这些转瞬即逝的火花，生活才会变得生气勃勃，富有活力。

（4）要试着去冒一些风险

冒险是人类生活的基本内容之一。没有冒险精神，体会不到冒险本身对生活的意义，就享受不到成功的乐趣，也就无法培养和提高人的自信。自信在本质上是成功的积累。因此，瞻前顾后、惊慌失措、避免冒险无疑会使我们的自信丧失殆尽，更不用指望幸福快乐会慷慨降临。

所谓的冒险，并不仅仅是指征服自然，跨入未知的土地、海洋及宇宙。在人类社会，我们会和种种不合理的习惯势力、陈规陋习狭路相逢，如果我们坚持按照自己的意见行事，那么我们就在很大程度上冒了风险。甚至我们想要小小改变一下自己的生活方式，同样也在冒险之列。关键是看我们是否敢于试一试，是否能够把自己的想法贯彻到底。

假如生活中未知的领域能够引起我们的激情，并使我们做好"试一试"的心理准备；假如人生真的如同一场牌局，而我们又能够坚持把牌打下去，不是中途退场的话，那么，每克服一个困难，我们就增添了一分自信。

（5）不要低估自己的潜力

很多人自诩有自知之明，但是，他们所"知"的不少东西其实并非真知，而只是一些谬误，是限制自己手脚的框框。这种信条乃是限制发挥高水平自我走向成功的最大障碍，也限制了他们同环境的抗争。

（6）向自己挑战，而不是与别人争夺

卓有成就的人，更热心于倾注精力扩大和完善自己取得的成果，而不是一定要打败竞争者。实际上，担心对手的实力以及可能具有的特殊优势，往往使自己精神上先吃败仗。正因为这种人能按自己的标准，满腔热情、全力以赴地去作力所能及的艰苦努力，他们自然而然地倾向于依靠自己的努力，集中优势，在向自己挑战的同时，也增强了适应环境的能力。

6. 战胜不健康的恐惧心理

每个人都有他所惧怕的事情或情景，而且不少事物或情景是人们普遍惧怕的，如怕雷电、怕火灾、怕地震、怕生病、怕高考、怕失恋等。但是，在现实生活中我们可以看到有的青少年的恐惧心理异于正常人，如一般人不怕的事物或情景，他怕；一般人稍微害怕的，他特别怕。

这种无缘无故的与事物或情景极不相称、极不合理的异常心理状态，就是恐惧心理。它是一种不健康的心理，严重的即是恐惧症。

恐惧心理，女性多于男性。若从产生的事物或情境来分，异常的恐惧心理大体分为四种类型，即社交恐惧、旷野恐惧、动物恐惧、疾病恐惧。另外，还有利器恐惧、黑夜恐惧、雷雨恐惧、男人恐惧、女人恐惧等。对这些恐惧对象，有的人可能仅有一种，有的人也可能同时具有两种或多种。

对某些事物或情景合情合理的恐惧，可使人们更加小心谨慎，有意识地避开有害、危险的事物或情景，以利更好地保护自己，避免挫折、失败和意外事故。

但不正常的恐惧，则是最消极的一种情绪，并且总是和紧张、焦虑、苦恼相伴随，而使人的精神经常处于高度的紧张状态，因此，它必然损害健康，引起各种"心因性"疾病。长期的极端恐惧，甚至可使人身心衰竭，失去宝贵的生命。不正常的恐惧心理，还会严重影响一个人的学习、工作、事业和前途。例如，有的青年人因惧怕社交，甚至在与陌生人接触时或在众人面前，就会出现脸红、出汗、发抖、口吃、拘谨不安、手足无措等异乎寻常的表现，结果只好整天把自己关在房间里，几乎与世隔绝，更加重了自己的孤独感。还有的人在恐惧心理的支配下，临场考试因过于紧张，平时滚瓜烂熟的知识竟忘得一干二净，平时清晰的大脑思维竟如一团乱麻，以致未考出正常水平，甚至名落孙山。还有的青年人对事业、对人生，自我设置恐惧的路障或陷阱，处处畏首畏尾，不敢追求，不敢拼搏，不敢创造，以致终日得过且过，虚掷青春。

由此可见，青少年为了培养良好的性格，为了自己的健康和进步，必须下大决心，鼓足勇气，努力战胜自己不健康的恐惧心理。具体可参考如下建议。

一要努力增长自己的科学文化知识。一位心理学家说得好："愚昧是产生恐惧的源泉，知识是医治恐惧的良药。"的确，人们对异常现象的惧怕，大都是由于对恐惧对象缺乏了解和认识，愚昧无知引起的。只要通过学习，了解其知识和规律，揭去其神秘的面纱，就会很快消除对某些事物或情景的无端恐惧。

二要勇于实践。经常主动地接触自己所惧怕的对象，在实践中去了解它、认

识它、适应它、习惯它，就会逐渐消除对它的恐惧。例如，有的青少年惧怕登高、惧怕游泳、惧怕猫、惧怕毛毛虫等，只要经常多实践、多观察、多锻炼、多接触，就会增长胆识，消除不正常的恐惧感。

三要学会转移注意力。就是把注意力从恐惧对象上转移到其他方面，以减轻或消除内心的恐惧。例如，要想消除在众人面前讲话的恐惧心理，除了多实践多锻炼外，每次讲话时把自己的注意力从听众的目光、表情转移到讲话的内容上，再配合"怕什么"等积极的心理暗示，心情就会变得比较镇静，说话也比较轻松自如了。

四要假设一个"不害羞的自己"。事实上，很多孩子胆怯、担忧的是自己的表现，怕在众人面前有让人失望的表现。这种情形怎么办？

可以把自己划分为生活中的你和角色中的你。调查中有惊人的发现，在外向型性格中持羞怯心理者也较为普遍。尽管他们常出没于公共场所，出头露面，但内心依旧羞怯。这种人约占接受调查人数的 15%。

美国专家建议，胆怯者不妨假设自己是剧中的某一角色，只是在舞台上表演角色性格。当这样假设时，窘迫感就会减少，并逐渐消失。有一位学生想改变自己不喜欢的"爱好"，但怕让望子成龙的父母失望。心理学家告诉他，不妨写出恐惧对话的"剧本"，如他该说什么，他父母可能提出的问题，以及他本人如何作答等。不久，这位年轻人很快克服种种顾虑，与父母交流了对他重要的各方面问题。

五要注意身体语言。羞怯给人的印象是冷淡、闪烁其词等，但往往孩子自己并没有意识到这一点。实质上孩子的这种身体语言传递的信息是"我胆怯、我害怕、我不安"。很不幸，与之交往的人并没有注意这一点。他们会把这种身体语言误解为冷淡、自负，从而避之千里。这使胆怯者更加迟疑不安。你在年轻时也有相似的经历，羞于同客人打招呼，或者局促不安地坐在一旁，被视作是冷淡或不懂礼貌。你当然委屈，因为你只是不习惯，怕说出不合适的话而已。

美国心理学家阿瑟·沃默斯认为，只要将身体语言作些调整，就能产生令人吃惊的直接效果。他使用了"SOFTEN"这个词，以此形象地描述了有关身体语言的全部含义："S"表示"面带微笑"；"O"表示"坦率开通"（手臂不要交叉）；"F"表示"身体前倾"；"T"表示"接触"或友善性的身体接触（例如握手）；"E"代表"眼睛对视"；而"N"，表示"点头"（你在听，且已听懂）。他宣称：通过使外在形象亲切、随和，将获得友好的回报，陌生人不再那么可恶。

胆怯者感觉与人交谈十分困难，在交谈中只顾及留给对方的印象，因此不敢大声言谈。研究人员发现，为了使谈话不至于中止，他们会用"是的，我同意"或"多有趣啊"来敷衍。其实，当人际交流受阻时，可以问些开放性的问题。如："你是怎么形成这种爱好的？"轻松随意的话题能够表达你的友好，这类问题容易将注意力集中在对方，而不是自己身上。

知识链接

钢铁是怎样炼成的

《钢铁是怎样炼成的》是前苏联作家尼古拉·奥斯特洛夫斯基所著的一部长篇小说，于1933年写成。

小说通过记叙保尔·柯察金的成长道路告诉人们，一个人只有在不怕困难、艰苦奋斗、勇于胜利中战胜敌人也战胜自己，只有在把自己的追求和祖国、人民的利益联系在一起的时候，才会创造出奇迹，才会成长为钢铁战士。鼓舞了一代又一代有志青年去实现自己的理想。

第十一章
培养坚强执着的性格

1. 秉性坚忍是成功的保证

世界上没有别的东西可以替代坚忍。在刚强坚毅者的眼里，没有所谓的滑铁卢。真正有着坚强毅力的人，做事时总是埋头苦干，直到成就大业。

持之以恒是人人应有的美德，也是完成工作的要素。对于志在成大事者而言，不论面对怎样的困境、多大的打击，他都不会放弃最后的努力，因为胜利往往产生于再坚持一下的努力之中。

成大事者身上最可贵的品质之一是坚持不懈，他们可能会有感到疲倦的时候，但是总能想着坚持、坚持，挺一下就能渡过难关。事实也是这样，不坚持，不忍耐，怎么能战胜大小困难。可惜的是有很多人做不到这一点，所以被困难阻挡在成大事者的大门之外。

当困难降临在你头上，你是勇敢地迎接挑战，还是知难而退、落荒逃走？

拿破仑出身于穷困的科西嘉没落贵族家庭，他父亲送他进了一个贵族学校。他的同学都很富有，大肆讽刺他的穷苦。拿破仑非常愤怒，却只能默默忍受。就这样他忍受了 5 年的痛苦。但是每一种嘲笑，每一种欺侮，每一种轻视的态度，都增加了他的决心。他发誓要做给他的同学看看，他确实是高于他们的。

他是如何做的呢？这当然不是一件容易的事，他从来也不空口自夸，他只在心里暗暗计划，利用这些没有头脑却傲慢的人作桥梁，最终出人头地。

在拿破仑 16 岁当少尉的那年，他遭受了另外一个打击：他的父亲去世了。从那以后，他不得不从微薄的薪金中，省出一部分来帮助母亲。当他接受第一次军事征召时，必须步行到遥远的发隆斯去加入部队。

等拿破仑到了部队时，看见他的同伴在闲暇时追求女人和赌博。而他那不受人喜欢的体格使他没有资格得到以前的那个职位，同时，他的贫困也使他失掉了后来争取到的职位。于是，他改变方针，用埋头读书的方法，去努力和他们竞争。

读书和呼吸一样自由，他可以不花钱在图书馆里借书读，他从书中获取了大量营养。

他从不读没有意义的书，也不是以读书来排遣自己的烦闷，而是为实现自己将来的理想做准备。他下定决心要让全天下的人知道自己的才华。因此，在选择图书时，是以有助于实现梦想为选择的范围。他住在一个既小又闷的房间内，在这里，他脸无血色，孤寂、沉闷，但是他却不停地学下去。

通过几年的用功，他从书籍上摘抄下来的记录有400多页。他想象自己是一个总司令，将科西嘉岛的地图画出来，并在地图上清楚地指出哪些地方应当布置防范，这是用数学方法精确计算出来的结果。因此，他数学的才能获得了提高，这是他第一次表现自己的能力的机会。

长官赏识他的才华，便派他在操练场上执行一些任务，要求具有极高的计算能力。由于工作做得很好，他获得了新的机会，并开始走上有权势的道路。

这时，一切的情形都改变了。从前嘲笑他的人，现在都拥到他前面来，想分享他得到的奖励金；从前轻视他的人，现在都希望成为他的朋友；从前嘲笑他是一个矮小、无用、死用功的人，现在也都改为尊重他。他们都变成了他的忠心拥戴者。

难道这是天才所造成的奇异改变吗？抑或是因为不停地工作而获得了成功呢？他确实是聪明，他也确实是肯下功夫，不过还是有一种力量比知识或聪明来得更重要，那就是直面眼前困难的坚忍毅力。

如果你决心要战胜困难，那你就要心甘情愿地不断干下去，以达到你的目的。可以说，坚忍是解决一切困难的钥匙，试问诸事百业，有哪一种可以不经坚韧的努力而获得巨大成就的呢？

坚韧可以使柔弱的女子养活了她的全家；使穷苦的孩子努力奋斗，最终找到生活的出路；使一些残疾人能够靠着自己的辛劳，养活他们年老体弱的父母。人类历史上最大的功绩之一——美洲新大陆的发现，也要归功于开拓者的坚忍。

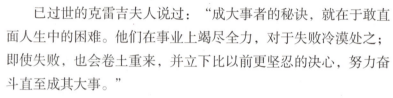

在世界上，没有别的东西可以替代坚忍，教育不能替代，父辈的遗产和有力者的垂青也不能替代，而命运则更不能替代。

秉性坚忍，是成大事立大业者的品质保证。这些人能够获得巨大的事业成就，可以没有其他卓越品质的辅助，但绝不能没有坚忍这种性格。从事苦力者不厌恶劳动，终日劳碌者不觉得疲倦，生活困难者不感到志气沮丧的原因都是由于这些人具有坚忍的品质。

依靠坚忍而终获成功的人，比靠天赋而获得成功的人要多得多。人类历史上全部成大事者的故事足以说明：坚忍是克服贫穷的最好药方。

已过世的克雷吉夫人说过："成大事者的秘诀，就在于敢直面人生中的困难。他们在事业上竭尽全力，对于失败冷漠处之；即使失败，也会卷土重来，并立下比以前更坚忍的决心，努力奋斗直至成其大事。"

有些人遇到了一次困难，便把它看成拿破仑的滑铁卢之战，从此失去了勇气，一蹶不振。可是，在刚强坚毅者的眼里，却没有所谓的滑铁卢。那些一心要得胜、立意要成大事的人即使失败，也不以一时失败作为最后的结局，还会继续奋斗，在每次遭到失败后再重新站起，比以前更有决心地向前努力，不达目的决不罢休。

有这样一种人，他们不论做什么都全力以赴，总是有着明确的必须达到的目标。在每次失败时，他们微笑着站起来，然后下更大的决心向前迈进。这种人从不知道屈服，从不知道什么是"最后的失败"，在他们的词汇里面，也找不到"不能"和"不可能"几个字，任何困难、阻碍都不足以使他们跌倒，任何灾祸、不幸都不足以使他们灰心。坚韧勇敢，是伟大人物的特征。

没有坚韧勇敢品质的人，不敢抓住机会，不敢冒险。他们一遇到困难，便会自动退缩，一获得小成就，便感到满足。这样的人成就不了大的事业。

有许多人做事有始无终，在开始做事时充满热忱，但因缺乏坚忍与毅力，不待做完便由于害怕困难而半途而废。任何事情往往都是开头容易而完成难，所以要估计一个人才能的高下，不能看他下手所做事情的多少，而要看他最终完成的成就有多少。例如在赛跑中，裁判并不计算选手在跑道上出发时怎样快，而是计算跑到终点需要多少时间。

要考察一个人能否做成大事，要看他有无恒心，能否善始善终。持之以恒是人人应有的美德，也是完成工作的要素。一些人和别人合作时，开始时共同努力，可是到了中途便感到困难。于是多数人就停止合作。只有那少数人，还在勉强维持。可是这少数人如果没有坚强的毅力，工作中再遇到阻力与障碍，势必也随着那放弃的大多数，同归于失败。只有持之以恒者，才是笑到最后的人。

有人在给他从事商业的朋友推荐店员时，举出了某人的许多优点。那位做商人的朋发问道："他能保持这些优点吗？"这实在是最关键的问题。首先是，有没有优点？然后是，有了优点，能否保持？遇到困难，能否坚持不懈？所以，具有坚忍勇毅的精神是极其宝贵的，只有具有这种精神才能克服一切艰苦困难，达到成大事的愿望。

每一次成功都来之不易，每一项成就都要付出艰辛。对于志在成大事的人而言，不论面对怎样的困境、多大的打击，他不会放弃最后的努力，因为胜利往往产生于再坚持一下的努力之中。

知识链接

拿破仑

拿破仑·波拿巴（1769—1821），即拿破仑一世，出生于法国科西嘉岛，19世纪法国伟大的军事家、政治家，法兰西第一帝国的缔造者。历任法兰西第一共和国第一领袖（1799—1804），法兰西第一帝国皇帝（1804—1815）。

拿破仑于1804年11月6日加冕称帝，他颁布了《拿破仑法典》，完善了世界法律体系，奠定了西方资本主义国家的社会秩序。他于1814年退位，随后被流放至厄尔巴岛。

1821年5月5日，拿破仑病逝于圣赫勒拿岛。1840年，他的灵柩被迎回法国巴黎，隆重安葬在法国塞纳河畔的巴黎荣军院。

2. 坚强的意志是人格健全的重要标志

　　心理学家指出：坚强的意志是人格健全的重要标志。那么，对于一个人的成长来说，它对人的个性心理的影响究竟何在呢？这可从以下几个方面来看。

　　（1）意志对人的情感、行为有重要的控制和调节作用，意志是知转化为行的关键内部因素

　　从意志在人的心理结构中的地位看，认识对情感、行动的控制调节功能，都是通过意志来实现的。平时人们所说的"理智对情感的驾驭"，其实是由意志遵循理智的要求而对情感的驾驭。认识过程本身并不具有直接控制情感的功能，控制是由意志来完成的。所谓"理智战胜情感"，是指意志的力量根据理智的认识克服了与理智相矛盾的情感。认识转化为行动，要经过动机斗争、确定行动目标、做出决策、执行决定的意志过程才能实现。可见，意志是知转化为行的关键内部因素，意志是自我控制力的主要表现。缺乏坚强意志的人，就难以控制自己的情感和行为。

　　（2）意志对学生的品质发展具有重要影响

　　意志的培养与青少年良好品德的形成关系极大。德育过程是培养青少年知（道德观念，即对是非、善恶的认识和评价）、情（道德情感，即对事物的爱憎、好恶态度）、意（道德意志，指为实现一定道德行为所做出的自学顽强的努力）、行（道德行为，即在道德规范的调节下在行动上对他人、对社会做出的反应）的过程。这四个要素互相联系、互相渗透、互相作用，缺一不可，最终见之于行动。但意志起着重要的作用。因为，仅仅有认识和情感体验，而没有坚强的意志品质，就很难由知达到行。所以意志是培养道德行为的首要因素。缺乏坚强的意志，就难以形成良好的品德。意志力的培养是道德修养、自我修养的一个重要方面。要做一个高尚的人，或者降低要求，做一个合格的公民，都必须用意志控制自己的

行为。培养有意志的人，同时也就是培养有道德的人，意志培养与道德教育是同一过程的两个方面。

（3）意志对青少年的立志成才、一生的工作与事业都具有重要影响

意志铸造人才，使人成为生活的强者。青少年要立志成才，在事业上有所成就，就必须意志坚强。人生道路总有坎坷，生活的大海总有波涛。有人说，奋斗是事业的大门，勤奋是成才的秘诀，毅力是成功的途径。这些都是意志力的表现。意志是人的意志能动性的集中体现，能促进人有效地进行各种实践活动，是人事业有所成就、工作取得成功的重要保证。

美国心理学家推孟对千余名天才儿童进行了追踪研究。30年后，在800名男性被试者中，将其中成就最大的20%与没有什么成就的20%的人做比较，发现他们之间最明显的差别不在智力的高低，而在人性意志品质的不同。成就大的，都对自己从事的研究工作充满信心，具有不屈不挠的精神，具有最后完成任务的坚持性；而成就小的则正是缺乏这些品质。

（4）意志在青少年学习中的重要作用

意志品质作为个体心理特征的客观存在，必然与青少年的学习活动有密切联系。

从心理学的角度来讲，意志品质影响青少年认识活动的方向性、积极性与持久性。由于意志的作用，青少年的无意注意转化为有意注意，知觉很快过渡为主动的观察，无意记忆很快转化为有意记忆。因此，在大体相同的环境和教育条件下，意志坚强的青少年，学习成绩较好，能力发展较高；意志薄弱的青少年，难以充分发展其能力。

意志是一个人学习的控制调节系统，对学习的好坏会产生重大的影响。我国对超常儿童的研究表明，他们早期才能的发展是与他们认真刻苦、自制力强、有坚持性等良好品质分不开的。

3. 天才就是具有超常的耐心

有一个高中生耐性不够，做一件事只要稍稍有点困难，就很容易气馁，不肯锲而不舍地做下去。

有一天晚上，他的父亲给他一块木板和一把小刀，要他在木板上切一条刀痕。当他切好一刀以后，他的父亲就把木板和小刀锁在他的抽屉里。

以后每天晚上，他的父亲都要他在切过的痕迹上再切一次。这样持续了好几天。

终于到了有一天晚上，他一刀下去，就把木板切成了两块。

他的父亲说："你大概想不到这么一点点力气就能把一块木板切成两块吧？你一生的成败，并不在于你一下子用了多大力气，而在于你是否能持之以恒。"

我们都理解人们常说的"滴水穿石"这个词。小小一颗水珠，落在地上立即无踪无影。溅在盆中，也只是轻微的一声响动，此后，激起两圈漪涟，再也不见了身影。当它落在我们的身上，或者我们伸手去托住它的时候，我们只感觉到一丝凉意，丝毫没有疼痛的感觉。就是这样"貌不惊人"的小雨滴，能将石头穿一个洞，这可以给我们一个很大的启示。

俗话说：天道酬勤。命运掌握在那些勤勤恳恳地工作的人手中，就正如优秀的航海家驾驭大风大浪一样。对人类历史的研究表明，在成就一番伟业的过程中，一些最普通的品格，如公共意识、注意力、专心致志、持之以恒等，往往起很大的作用。即使是盖世天才也不能小视这些品质的巨大作用，一般的就更不用说了。事实上，正是那些真正伟大的人物相信常人的智慧与毅力的作用，而不相信什么天才。他们指出：天才就是不断努力的能力；天才就是点燃自己的智慧之火；天才就是耐心。

瓦特是世界上最勤劳的人之一，所有他的经验都确认了这么一个道理：那些天生具有伟大精力和伟大才能的人，并非一定就能取得最伟大的成就；只有那些以最大的勤奋和最认真的训练有素的技能（包括来自劳动、实际运用和经验等方面的技能）去充分发挥自己才能和力量的人才会取得伟大的成就。与瓦特同时代的许多人所掌握的知识远远多于瓦特，但没有一个人像瓦特一样刻苦工作，把自己所知道的知识服务于对社会有用的实用操作方面。在各种事情中，最重要的是瓦特那种对事实坚忍不拔的探求精神。他认真培养那种积极留心观察、做生活的有心人的习惯，这种习惯是所有高水平工作的头脑所赖以依靠的。

甚至在孩提时代，瓦特就在自己的游戏玩具中发现了科学性质的东西。散落在他父亲的木匠房里的扇形体激发他去研究光学和天文学；他那体弱多病的状态导致他去探究生理学的奥秘；在偏僻的乡村度假期间，他兴致勃勃地去研究植物学和历史。在他从事数学仪器制造期间，他收到一个制作一架管风琴的订单，尽管他没有音乐细胞，但他立即着手去研究，终于成功地制造了这架管风琴。同样，在这种精神的驱使下，当执教于格拉斯哥大学的纽卡门把细小的蒸汽机模型交给瓦特修理时，他马上投入到学习当时所能知道的一切关于热量、蒸发和凝聚的知识中去，同时他开始从事机械学和建筑学的研究。这些努力的结果最后都反映在凝结了他无数心血的压力蒸汽机上。

天赋过人的人如果没有毅力和恒心作基础，他只会成为转瞬即逝的火花；许多意志坚强、持之以恒而智力平平乃至稍稍迟钝的人都会超过那些只有天赋而没有毅力的人。正如意大利民谚所云："走得慢且坚持到底的人才是真正走得快的人。"

那些最能持之以恒、忘我工作的人往往是最成功的。因此，青少年一定要注重培养自己的耐心，努力养成顽强执着的性格。

瓦 特

　　詹姆斯·瓦特（1736—1819），英国发明家，第一次工业革命的重要人物。1776年制造出第一台有实用价值的蒸汽机。以后又经过一系列重大改进，使之成为"万能的原动机"，在工业上得到广泛应用。他开辟了人类利用能源的新时代，使人类进入"蒸汽时代"。后人为了纪念这位伟大的发明家，把功率的单位定为"瓦特"（简称"瓦"，符号 W）。

4. 选择坚强，放弃悲伤

　　恒心是每个成功人士都必须具备的一种品质。在人的一生中，不免会遇到各种各样的困难，但我们要选择做一个强者，选择坚持，放弃悲伤，走向自己的人生目标。

　　在这方面，曾做过美国总统的林肯是一个优秀的榜样。林肯从一个一无所有的农民的儿子，成长为一个优秀的政治家，其间经历的挫折是常人难以想象的。但他一一承受下来，面对挫折和阻碍，他选择的是坚持奋斗、努力不懈。

　　1832年，林肯失业了，这显然使他很伤心，但他下决心要当政治家，当州议员。糟糕的是，他竞选失败了，在一年里遭受两次打击，这对他来说无疑是痛苦的。

　　但是，林肯放下了悲伤，选择了坚持，他着手开办自己的企业。可是一年不到，企业又倒闭了。在以后的 17 年间，他不得不为偿还企业倒闭时所欠的债务而到处奔波，历尽磨难。

　　随后，林肯再一次参加竞选州议员，这次他成功了。他内心萌发了一丝希望，认为自己的生活有了转机："可能我可以成功了！"

　　1835年，他订婚了。但离结婚还差几个月的时候，未婚妻不幸去世。这对他精神上的打击实在太大了，他心力憔悴，数月卧床不起。1836 年，他得了神经衰弱症。

1838 年，林肯觉得身体状况良好，于是决定竞选州议会议长，可是他失败了。1843 年，他又参加竞选美国国会议员，但这次仍然没有成功。林肯虽然一次次地尝试，但却是一次次地遭受失败：企业倒闭、情人去世、竞选败北。要是你碰到这一切，你会不会放弃这些对你来说是重要的事情？

林肯没有放弃，他也没有说："要是失败会怎样？"1846 年，他又一次参加竞选国会议员，最后终于当选了。

两年任期很快过去了，他决定要争取连任。他认为自己作为国会议员的表现是出色的，相信选民会继续选举他。但结果很遗憾，他落选了。因为这次竞选他赔了一大笔钱，林肯申请当本州的土地官员。但州政府把他的申请退了回来，上面指出："做本州的土地官员要求有卓越的才能和超常的智力，你的申请未能满足这些要求。"又是接连两次失败。在这种情况下你会坚持继续努力吗？你会不会说"我失败了"？

然而，林肯没有服输。1854 年，他竞选参议员，又失败了；两年后他竞选美国副总统提名，结果被对手击败；又过了两年，他再一次竞选参议员，还是失败了。1860 年，他终于当选为美国总统。

林肯尝试了 11 次，可只成功了 2 次，但他一直没有放弃自己的追求，他一直在做自己生活的主宰者。林肯面对困难没有退却、没有逃跑，他坚持着、奋斗着，他压根就没想过要放弃努力。他不愿放弃，所以他成功了。

恒心是每个成功人士都必须具备的一种品质。在人的一生中，不免会遇到各种各样的困难，但我们要选择做一个强者，选择坚持，放弃悲伤，走向自己的人生目标。任何人在其成长道路上，总不可能是一帆风顺的，总免不了要经受各种困难的考验。正如中国有句古话所说的："艰难困苦，玉汝于成。"自古以来，人们都把能吃苦看作是成才的 个基本条件。

为祖国争得荣誉的体育健儿，没有一个不是经过多年的摔打磨炼与刻苦拼搏才取得来之不易的成就。古语讲得好："吃得苦中苦，方为人上人。"此话虽有些片面之处，但是不无道理，对一个人的成长不无借鉴意义。

邓亚萍这个名字在我国可谓家喻户晓，不仅如此，有的人在谈及她时还绘声

绘色地将其描绘一番：矮矮的个儿，胖胖的脸，打起乒乓球来简直像只出山的小猛虎，出手快捷，攻势凌厉，左推右攻，勇不可挡，往往只几板就把对方制服住了。

的确，邓亚萍在我国乒坛，乃至世界乒坛上名声大噪，堪称"大姐大"。自她1986年13岁那年拿到第一个全国乒乓球锦标赛的冠军开始，到1997年5月的第四十四届世界乒乓球锦标赛上，在短短的11年间，她一共在各种全国性和世界性乒乓球大赛中拿到153个冠军。其中尤其从1989年入选国家队到1997年的第四十四届乒乓球锦赛这9年的历史最为辉煌，仅在世界级别最高的奥运会、世界杯赛和世界锦标赛这三大比赛中，就独自一人获得18块含金量特别高的金牌，并且还是国际体坛上唯一一个曾三次接受国际奥委会主席萨马兰奇为其亲自授奖的运动员。这不但在中国乒坛，而且在世界乒坛史上都写下了光彩的一笔。

从邓亚萍的成长之路来说，坎坎坷坷，历尽磨难。她4岁多时便表现了一个"铁娃"的本色，平时拼拼打打从不哭闹，并且玩什么都格外专注。这被在河南郑州市体委任乒乓球教练的父亲看在眼里，喜在心头，认定她是一块搞体育的好料。于是，父亲便"就地取材"，精心地培养自己的爱女。

一晃五年过去了，邓亚萍在父亲的调教下，乒乓球技术已达到一定水平。为使她能得到进一步发展，父亲将她送到河南省乒乓球队去深造。然而，去后不久，她便被退了回来，其理由是"个儿矮，手臂短，没有发展前途"。这在少年邓亚萍的心灵上第一次留下了一道深深的伤痕。

令人欣慰的是，在父亲的鼓励下，倔强的邓亚萍并未因此一蹶不振，相反，她练得更加刻苦，并发誓有朝一日一定要拼出个人样来。

机遇终于来了。1986年是邓亚萍人生出现重大转折的一年。那一年，年仅13岁的她，临时顶替河南省代表队一名生病的运动员参加全国乒乓球锦标赛。赛前教练们对她并不抱有什么期望，要她顶替上场纯粹是为了不使该队"弃权"。出人意料的是，这个名不见经传的矮个子小姑娘竟然接连击败了耿丽娟、陈静等当时很有名气的国手，一举登上了冠军宝座，爆出了此届乒乓球赛的最大冷门，成为一匹引人注目的"黑马"。

赛后，这位被人认定"无发展前途"的小姑娘，成了当时国家乒乓球女队主教练张燮林手下的弟子。从此，邓亚萍在中国体坛的圣殿里将其那股在逆境中练就的"铁娃"本性表现得淋漓尽致，其运动水平大大提高，经过各次大赛的历练，最终登上国际乒坛女霸主的宝座。

从邓亚萍人生发展的崎岖道路中我们可以看出：对绝大多数人来讲，成才之路都是崎岖坎坷且布满荆棘的。虽然有成功的光环在前方召唤，但追求成功的过程却是艰难的。好比在波涛中前行的航船，前方虽有光明的灯塔，但通往灯塔之路却随时会出现漩涡、暗礁，会有抛锚停船，也会有船翻人落水的危险。但既然已认定目标，认为自己的选择是正确的，就只能勇往直前，丝毫不能退缩、动摇。面对命运的挑战，我们要选择做生活的强者，紧紧扼住命运的咽喉，在立志成才的道路上披荆斩棘，一往无前，实现自己的人生价值。

邓亚萍有一段描述自己心理感受的话感人肺腑，她说："我并不相信命。每个人的命运都掌握在自己手里。有人说我命好，为世界乒坛创造出了一个'常胜将军'的奇迹。我觉得，我可能天生就是打乒乓球的命。但上帝不会将冠军的桂冠戴在一个未真诚付出汗水、泪水、心血和智慧的运动员身上，我自己满身的伤病就是证明。体育运动之所以魅力无穷，一个重要的原因就是它充分展示人类不屈服于命运，永不停息地向命运挑战的精神。"

邓亚萍熟悉乒乓球事业，认定自己就是"打乒乓球的命"，自己的兴趣、自己的未来就在这小小的银球上。她坚韧不拔地去追寻，去拼搏，终于成就了自己辉煌的人生。

5. 失败并不可怕

　　只有成功，不会失败，这是不可能的事。本领再高的人也会遇到失败的时候，何况是平凡之辈。所以，希望获得成功，就先得不怕失败。只有胆小怕事的人担心失败，因害怕失败，所以他们认为多一事不如少一事，多做事，失败的机会也多，所以还是少做少管，比较安全。

　　多一事不如少一事，只是胆小怕事的人逃避现实的想法。这种想法十分幼稚可笑，因为不做固然可以避免失败，但却也一定没有成就。这种不敢面对现实的想法，是不可取的。

　　其实，人生在世不可能万事如意，失败不只不可避免，而且会随时遇上。但是失败并不可怕，俗语说"失败是成功之母"，没有失败的经验，又怎能会达到成功。一试就成，只能算是一种侥幸的成功，只能带来短暂的欣慰感。这种欣慰感，得来容易，失去也快。

　　在生活上，在事业上，在工作上，在竞技场上，谁没有遭遇过失败，谁能永远保持不败的记录？

　　"胜败是兵家常事"，最伟大的拳击家也曾经给人揍个半死，倒地不起。

　　没有一个推销员能够做成每一桩生意。但只要一天做上一桩生意，就不错了，甚至于有在一生中只做成一桩生意便成巨富的例子呢！

　　又比如广告吧，报刊上每天都有商家们出钱刊登的广告，五花八门，琳琅满目。但是，到底有多少读者认真地去阅读这些广告呢？大概不到10%！在10%读广告的读者中，又有多少人真的去购买广告上所介绍的商品呢？当然也不多。不过只要有1%的读者看了广告去购物，商家的广告就不会白登了。

　　因此，不要担心失败。因为怕失败便裹足不前，是懦夫的行为，不值得我们效法。

有一位化学家曾讲过："科学成果是一个很懒的女神，你敲几下门停止了，她就懒得来开门；你不停地敲下去，她就不得不来开门了。"

成功的路上并没有撒满鲜花与阳光，相反却总要经历坎坷与磨难。只有做到如著名画家郑板桥诗中所云"千磨万击还坚劲，任尔东西南北风"，顽强执着地朝着目标去奋斗，才能享受到成功的喜悦。

获得诺贝尔文学奖的美国作家海明威曾经当过拳击手、猎手、渔夫和记者。他学拳击，时常被打得鼻青眼肿、血流满面；他上战场，被炮弹击中，身上留下200多块弹片，并装上金属膝盖；他学写作，四个月的辛苦只换来"退稿"二字。但他说："拳击教会了我绝对不能躺下不动，要随时准备冲锋，要像公牛那样又快又狠地冲。"他就是凭着这顽强的性格与毅力，赢得了成功，写出了《老人与海》等传世杰作，登上世界文坛的高峰。

获得诺贝尔化学奖的瑞典科学家阿伦尼乌斯创立电离理论的过程中充满了障碍，他经过千百次测量获得的结论被一些保守的教授斥为胡说八道，"纯粹的空想"，论文也只得到"三级"评语。三年后他通过了论文答辩，但是依然遭到激烈的反对。直到十年后才改变了厄运，他被聘为教授，成为斯德哥尔摩大学校长。

"锲而不舍，金石可镂"这句名言，意思是说如果我们坚持不懈地努力，即使是金石也能够被雕琢。养成了顽强执着的习惯，就能够战胜前进道路上的诸多困难，一步步向成功的人生目标靠拢。

6. 培养顽强执着的性格

成功的人都懂得，失败并不可怕，对它要保持积极的心态，相信自己具有足够的力量。为了养成良好的习惯，培养执着的性格，应当了解和把握以下几条原则。

（1）每个人都会面临困难

顽强奋斗的人，在努力拼搏的过程中经常会面临失败的危险，经常会有烦恼。

取得成功，固然带来喜悦，但经验证明，抵达终点的人，往往比那些正在奋斗的人，反而有更多的烦恼。没有烦恼的生活，根本是一种幻想和自欺欺人的说法，追求这样的生活，只有徒耗生命而已。

（2）每个难题都会过去

月有阴晴圆缺，人有旦夕祸福。没有人一生都一帆风顺，任何人都有可能遭逢厄运。可是烦恼一定会有结束的时候，任何难题总会随着时间的推移，在顽强的努力下得到解决。

（3）每个难题都有转机

任何问题都隐含着创造的可能。问题的产生是成功的发端和动力。问题的产生总会为某一些人创造机会，一个人的困难可能就是另一个人的机会。要抓住机会，促成转机。

（4）每个难题都会对我们产生影响

我们能够控制自己的反应，却不能够控制潮流的趋势。但是我们能够决定自己的态度。我们的反应能够使自己遭遇的痛苦更加剧烈，也能使它立刻减轻。我们的反应是关键所在，我们的反应使自己可以变得更坚强或更软弱，决定我们是成功还是失败，我们的态度决定一切。

（5）让难题对我们产生好的影响

强者之所以能够胜利，是因为他们在面临困境时，总是采取积极的态度。我们要选择机会，积极思考，解决难题，激励自己奋斗。